Angelika Höcker
Business Hero

Dieses Buch hat kein anderes Ziel, als denen, die ich liebe, Mut zu machen,
ihre Grenzen zu überschreiten, und zwar nicht mehr auf der Erde,
im Wasser und in der Luft, sondern in ihrem eigenen Inneren,
um dort den Mittelpunkt des Kreises ihrer eigenen Existenz zu finden.
Wenn ich dieses Ziel tatsächlich erreiche,
werde ich mich auf meiner Suche weniger alleine fühlen …

BERTRAND PICCARD

Angelika Höcker

Business Hero

Eine Heldenreise in 7 Etappen

GABAL

Bibliografische Information der Deutschen Bibliothek

Die Deutsche Bibliothek verzeichnet diese Publikation in
der Deutschen Nationalbibliografie; detaillierte bibliografische
Informationen sind im Internet über http://dnb.d-nb.de abrufbar.

ISBN 978-3-86936-112-3

Umschlaggestaltung: Martin Zech Design, Bremen | www.martinzech.de
Umschlagillustration: A-Digit / iStockphoto
Satz und Layout: Das Herstellungsbüro, Hamburg | www.buch-herstellungsbuero.de
Druck und Bindung: Salzland Druck, Staßfurt

www.gabal-verlag.de

Inhalt

Vorwort

Das chinesische Zeichen für Krise *Wei-Ji* bedeutet zugleich Chance – was sich in dem oft zitierten Satz niedergeschlagen hat: Krisen sind Chancen. In der Tat birgt jede Krise die Chance auf Veränderung und einen Neuanfang.

Allerdings sind diese Prozesse bei uns Menschen oft mit tief greifenden Ängsten und Selbstüberwindung verbunden. *»Vor jeden Neubeginn stellen die Götter die Wächter der Angst«,* heißt eine berühmte Figurengruppe der Künstlerin Karen Müller. Es geht darum, loszulassen und Abschied zu nehmen, Neuland zu betreten, sich Unbekanntem und vor allem den inneren Schattenseiten zu stellen. Dies sind durch alle Zeiten und Kulturen die Themen von Märchen und Heldensagen. Gerade in den Heldenreisen verdichten sich archetypische Grundmuster von Reifung und Persönlichkeitsentwicklung. Mag sich die Welt um uns herum auch immer schneller verändern, die Entwicklung der menschlichen Psyche folgt seit Jahrtausenden den gleichen Prinzipien. Indem wir die alten Weisheiten der Heldenreisen verdichten und sie auf die individuellen und organisatorischen Veränderungsprozesse in der heutigen Zeit übertragen, schöpfen wir aus einer wertvollen Ressource, um die komplexen Herausforderungen der Gegenwart besser zu meistern.

Dies ist das Anliegen von Angelika Höcker, die Sie mit diesem Buch schon beim Lesen in der einen oder anderen Weise zu Ihrer persönlichen Heldenreise mitnehmen wird.

Dieses Buch fordert uns heraus, unsere eigenen Paradigmen zu verändern, alte Muster aufzugeben und vor allem der Versuchung zu widerstehen, alles planen und kontrollieren zu können.

* Zitiert nach: Siegfried Gohr: *Ich suche nicht, ich finde. Pablo Picasso. Leben und Werk.* Köln: Dumont, 2006

Die neue Haltung, zu der es uns führen kann, mag sich auch in folgendem Notizbucheintrag* von Pablo Picasso finden:

Ich suche nicht – ich finde

Suchen – das ist Ausgehen von alten Beständen
und ein Finden-Wollen
von bereits Bekanntem im Neuem.

Finden – das ist das völlig Neue!

Das Neue auch in der Bewegung.
Alle Wege sind offen
und was gefunden wird,
ist unbekannt.
Es ist ein Wagnis, ein heiliges Abenteuer!

Die Ungewißheit solcher Wagnisse
können eigentlich nur jene auf sich nehmen,
die sich im Ungeborgenen geborgen wissen,
die in die Ungewißheit,

in die Führerlosigkeit geführt werden,
die sich im Dunkeln einem unsichtbaren Stern überlassen,
die sich vom Ziele ziehen lassen und nicht
– menschlich beschränkt und eingeengt –
das Ziel bestimmen.

Dieses Offensein für jede neue Erkenntnis
im Außen und Innen:
Das ist das Wesenhafte des modernen Menschen,
der in aller Angst des Loslassens
doch die Gnade des Gehaltenseins
im Offenwerden neuer Möglichkeiten erfährt.

Lassen Sie sich zu einer ganz besonderen Reise einladen.

Florenz, im Juli 2010 Marco von Münchhausen

Dr. Marco Freiherr von Münchhausen ist Bestsellerautor (u. a. »*So zähmen Sie Ihren inneren Schweinehund!*«) sowie international anerkannter Key-Note-Speaker und Coach.

1. Reisevorbereitungen

Diejenigen Unternehmen werden Erfolg haben, denen es gelingt, ... den ... Mitarbeiterinnen und Mitarbeitern die Chance zur inneren Transformation zu bieten. Und diejenigen wird man Helden nennen können, die diese Entwicklung anführen und meistern können.

DONA WITTEN / AKONG RINPOCHE

Die indo-europäische Wurzel des englischen Wortes leadership
und des deutschen Wortes Leitung ist »leith« und bedeutet wörtlich
»nach vorne gehen«, »über die Schwelle gehen« oder »sterben«.
Die tiefere Erfahrungsschicht von Führung in Veränderungsprozessen
zeigt eine spürbare Resonanz von dieser ursprünglichen Bedeutung
der Wortwurzel, die in der existenziellen Erfahrungsdimension in
transformationalen Veränderungsprozessen sichtbar wird:
im Loslassen und Sterben-lassen des Alten
und im In-die-Welt-bringen des Neuen
und in dem Mysterium und dem Nichts,
das zwischen diesen beiden Bewegungen liegt.

C. OTTO SCHARMER

Die Helden unserer Kindheit

Wenn wir von Helden sprechen, dann meinen wir gemeinhin jene strahlenden Gestalten aus den Büchern, die wir in unserer Kindheit und Jugend verschlungen haben, und den Filmen, die uns in ihren Bann gezogen haben. Von den jahrhundertealten Märchen und Mythen bis hin zu den Hollywood-Filmen und Superhelden-Comics haben sie unsere Träume erfüllt und unsere Fantasie beflügelt. Unendlich viele glückliche Stunden verdanken wir ihren Abenteuern, von denen wir nicht satt wurden, immer wieder überlisteten wir die Realität, um in das Reich der Fantasie eintauchen zu können. In unseren Träumen waren wir selbst unbesiegbar und haben die Welt gerettet. Aber man kann nicht ewig Kind bleiben, und je erwachsener wir werden, desto mehr verblassen die Erinnerungen an jene glücklichen Tage der fliegenden Teppiche, feuerspeienden Drachen und magischen Amulette.

Das Reich der Fantasie im Arbeitsleben

Und im Arbeitsleben? Dort ist erst recht kein Platz für Abenteuer, Magie und Helden – zumindest scheint es so zu sein, denn wenn vom *Business Hero* gesprochen wird, wissen die meisten erst mal nicht, wovon die Rede ist. Magische Kräfte, märchenhafte Züge und mythische Aufträge sind in tristen Büros und im trüben Alltag nicht vorgesehen. Loseblattsammlungen, Dienstvorschriften und Verfahrensanweisungen, Controlling-Instrumente und Corporate-Identity-Vorgaben erzeugen ein Klima, in dem Zauberer und Elfen schlecht gedeihen, eine Luft, in der Zwerge und Prinzessinnen nur schlecht atmen können. Das heißt aber nicht, dass in der ökonomischen Welt nicht regelmäßig und vorhersehbar der Ruf nach dem Helden laut wird.

Wir brauchen neue Helden

Sobald eine Krise an der Tür klopft, werden Helden mit übernatürlichen Kräften unüberhörbar gefordert. Der Drachentöter hat genau dann Hochkonjunktur, wenn die Wirtschaft am Boden ist. Er soll das Ruder an sich reißen und das Schiff durch Unwetter und die tosende See navigieren. Er allein soll bestimmen, was auf der Kommandobrücke geschieht. Wer außerdem mit an Bord ist, hat sich seinen kurzen, knappen Befehlen ohne Widerworte zu unterwerfen. Er hat sein Mandat in der Krise erhalten, seine Lizenzen sind aus der Not geboren. Im Ausnahmezustand werden Netzwerke, Organisationseinheiten, Systeme und rationale Prozesse gesprengt – und der heroische Diktator, dieser sehr alte Typus des Helden, betritt die Bühne.

Wenn alle anderen Stimmen verstummen, steht das Spiel auf Messers Schneide. Der alleinherrschende Krisenheld bestimmt allein kraft seines Charismas, wo es langgeht. Er kann alles gewinnen – aber auch alles verlieren.

Der Held von großem Format war gestern

Großformatige Führungshelden richten auch Katastrophen von großem Format an. Wenn auf Netz und doppelten Boden verzichtet wird, um kurzfristig handlungsfähig zu werden, dann ist auch die Zeit der tragischen Helden und der strauchelnden Schurken gekommen. Längst ist deswegen die Epoche des »postheroischen Managements« ausgerufen worden (Dirk Baecker, *Postheroisches Management,* 1994; Brigitte Witzer, *Die Zeit der Helden ist vorbei,* 2005). Man ist des Helden älterer Prägung überdrüssig und besser noch, man verabschiedet die Idee gleich ganz.

Der Held von heute ist ein Weltbürger

Der Abgesang auf den ökonomischen Helden ist aber vielleicht etwas verfrüht. Nur brauchen wir eben keine Helden von vorgestern, sondern von heute und morgen. Ich möchte mit dem *Business Hero* einen dritten Weg vorschlagen, auf dem der Held weder vergöttert noch verdammt werden muss. Ich möchte die Frage neu stellen, was der Held für uns *heute* sein kann. Ich denke an einen Typus des Helden, der nicht in den Krieg zieht, um Schlachten zu gewinnen, sondern in die Welt, um sie zu einem besseren Platz nicht nur für sich, sondern für uns alle zu machen. Ich denke an einen Helden, nach dem nicht bloß gerufen wird, wenn die Schiffe bereits sinken. Mein Held lehnt dankend ab, wenn ihm die Stelle als Alleinherrscher unterschriftsreif vorgelegt wird. Er arbeitet für sein eigenes Wohl, denn er ist ehrgeizig und hat Ambitionen, aber eben auch für das seiner Mitarbeiter, ohne die er keine solchen Erfolge verbuchen könnte. Seine Sorge gilt zudem seiner Gesellschaft und ihrer Ökonomie. Und er begreift sich als verantwortungsvoller Weltbürger des einzigen bewohnbaren Planeten, den die Menschen kennen. Der *Business Hero* sieht also nicht nur sich selbst, sondern hat auch seine engeren und weiteren Umwelten immer im Blick.

Wir sollten demokratische Helden werden

Ich spreche also von einem *demokratischen Helden*, der nicht heroisch gegen seine Rivalen in den Krieg zieht, sondern eine Heldenallianz initiiert, die bei allem notwendigen Egoismus nicht diejenigen vergisst, die keine Helden sein können, dürfen oder wollen. Wir sollten unser Bild vom Helden demokratisieren und daran mitarbeiten, demokratischen Helden gute Arbeitsbedingungen zu bereiten. Und *last, but not least*: Wir sollten selbst demokratische Helden werden.

Der Held von gestern ist laut und neigt zu übertriebenen Gesten. Jeder soll schon von Weitem und mit einem Blick sehen, wer das Sagen hat. Im Getümmel der Schlacht, die er angezettelt hat, steht er immer im Mittelpunkt. Theatralischer als die Ritter seiner Tafelrunde lässt er seine Klinge auf den gegnerischen Rüstungen tanzen.

Wir sollten lernen, dass das Spektakel nur Oberfläche ist, nur blendender Schein. Der moderne Held verzichtet auf lautes Gepolter. Er definiert sich nicht durch Schall und Rauch, vielmehr ist es eine *innere Entwicklung*, durch die er gegangen ist, die ihn auszeichnet. Er hat seine Fähigkeit, laut werden zu können, keineswegs verloren, er hat aber gelernt, Dezibel homöopathisch zu dosieren. Seine Autorität bedarf keiner falschen dramatischen Inszenierung, sie ist natürlich und verdankt sich vielmehr einer inneren Gelassenheit und Ruhe, mit der er ohne Hektik, dafür aber entschlossen und mit Bestimmtheit die Dinge anpackt.

Die Helden von gestern und heute reisen unterschiedlich

Älterer und neuerer Held unterscheiden sich deutlich – und zwar besonders deutlich hinsichtlich ihrer Reisevorlieben. Der ältere Held zieht sofort, ohne zu zögern und viel zu überlegen, in die Welt, die voller Feinde und potenzieller Schlachtgegner ist. Er wird nicht ruhen, bis er der Letzte ist, der noch steht, umkränzt von gefällten Rüstungen. Er ist bereit und begierig, bis zur letzten Entscheidung zu kämpfen, und sollte er es nicht schaffen, dann ist er wild entschlossen, das Schlachtfeld mit seinem eigenen Blut zu tränken. Mit anderen Worten: Er ist ein kopfloser, ein notorischer Aktivist. Nur wenn er handelt, meint er, gesehen zu werden. Und nur, wenn er gesehen wird, meint er, zu sein.

Ziele des modernen Helden sind, innen und außen neue Felder zu erobern

Der neuere Held ist auch entschlossen, aber er kann Zweifel zulassen. Er zieht nicht gleich los und wirft sich ins Kampfgetümmel gegen beinahe beliebige Gegner. Auch er tritt eine Reise an, die ihn aber nach innen führt. Sein Heldentum beginnt mit einem Umweg. Er weiß, dass er nicht alle Gegner niederringen kann – und er weiß vor allem, dass er nichts davon hätte, jeden und alle zu besiegen. Ein *Business Hero*, der alle als Gegner sieht und alle zu Boden schickt, hätte schließlich keine Kunden mehr, er hätte niemanden, mit dem er einen Vertrag abschließen könnte, niemanden, mit dem er kooperieren könnte, niemanden, mit dem er zusammenarbeiten könnte. Der moderne Held bricht zu sich selbst auf, nicht gegen andere. Seine Expedition ist zuerst Introspektion. Er besinnt sich auf sich und die Fähigkeiten, die er in sich trägt. Er weiß, dass er davon mehr hat, dass dies der größte Sieg ist, dass Erfolg haben und die Fähigkeit, »Ich« sagen zu können, sich keineswegs widersprechen – übrigens entgegen anders lautender Gerüchte. Die Eroberung von Ich-Anteilen *und* Marktanteilen, das sind die Ziele des modernen Helden. Dafür muss man andere Reisen machen und anders reisen. Vielleicht werden Dritte diese verschlungenen Wege nicht sofort verstehen, und es kann immer wieder zu Irritationen und Konflikten kommen, wenn man diesen Pfad aber konsequent und überzeugt einschlägt, wird man den doppelten Erfolg ernten können, sich sowohl glücklicher in seiner Haut fühlen als auch gerüstet sein für die ökonomischen Herausforderungen der Gegenwart und Zukunft.

Und natürlich ist der Held, der auch heute noch Held sein kann, nicht zwangsläufig ein Mann. Die Heroen der Geschichte waren Männer, abgesehen von wenigen Ausnahmen wie Jeanne d'Arc. Wenn die tapferen Ritter in die Welt zogen, um die

Âventiure, die Bewährungsproben und Abenteuer, zu bestehen, blieben die Hoffräulein einsam im Turm der Burg zurück, um vielleicht für fahrende Minnesänger ihr Haar herunterzulassen. Ein *Business Hero* dagegen kann Frau oder Mann sein. Die Heldenreise kennt keine Frauenquote, auf den Weg zu sich selbst und zum Erfolg kann jede(r) aufbrechen.

Wir sind nicht alle Helden. Aber jeder von uns trägt das Potenzial in sich, ein Held werden zu können. Auf der Heldenreise, die ich mit Ihnen unternehme, kann jeder den verborgenen Schatz heben und ein *Business Hero* werden. Hat Sie das Reisefieber auch schon gepackt? Überlegen Sie schon, was Sie auf jeden Fall mit auf den Weg nehmen wollen? Fragen Sie sich bereits, wohin der Weg Sie führen wird?

Machen wir uns gemeinsam auf die Reise!

Die innere Reise zur Kreativität

Reisen bildet und längst wissen wir, dass Bildung unser wertvollstes Gut ist. Aber allzu oft gehen wir geradezu fahrlässig mit unserem Potenzial um. Wir sollten mehr reisen. Machen wir uns auf den Weg! Aber nein, nein, nur keine Hektik. Sie können diese Reise nicht buchen und kein Ticket in der Hand halten, Sie müssen sich nicht einmal vom Fleck weg bewegen. Bleiben Sie ruhig sitzen und entspannen Sie sich. Diese Reise ist eine innere Reise.

Der moderne Held reist auf dem Weg zur Selbsterfahrung ...

Eine der schönsten Definitionen des Helden stammt von Paul Rebillot und Melissa Kay: »Ein Held, ob im Mythos oder in der heutigen Welt, ist jemand, der einen Ruf hört und ihm folgt« (Paul Rebillot und Melissa Kay, *Die Heldenreise*, 1997, S. 26). Der Held macht sich auf den Weg und stürzt sich in die »Abenteuer der kreativen Selbsterfahrung«. Er verlässt den Raum der Gewissheit und begibt sich frohen Mutes in die Gefahr. Er geht auf die *Heldenreise* zu den Quellen des eigenen Selbst und seiner Kreativität.

Rebillot und Kay haben ihre therapeutische Methode zwischen modernem Theater und urzeitlichem Ritual angesiedelt. Sie ist ein wilder Mix aus Narren- und Dämonentänzen, Meditationen, Körpererfahrungen und Atemübungen, Reisen durch den Wahnsinn und in das Land der Wunder. Diese verrückte Heldenreise steuert mit hohem Tempo und großem Charme aufs Ziel zu: dem, der sich auf die Reise begeben hat, einen möglichst intensiven Selbsterfahrungsprozess zu ermöglichen.

... vom kulturgeschichtlichen Ursprung ...

Die Methode basiert auf einer kulturgeschichtlichen Untersuchung Joseph Campbells. Schon 1949 beschrieb der US-amerikanische Mythenforscher die Reise des Helden. Er zeigt, dass die großen Märchen, Volkssagen, Mythen und Religionserzählungen im Wesentlichen aus denselben Elementen bestehen. Vom alten Griechenland bis ins neue Hollywood wird immer wieder der gleiche »Monomythos« (J. Joyce) erzählt, der aus den immer gleichen »Archetypen« (C. G. Jung) besteht. Der Held hört den Ruf, zögert, bricht auf, wird geprüft, erhält übernatürliche Hilfe, übersteht zahlreiche Abenteuer, gewinnt den Schatz, kehrt, wiederum zögernd, zurück und schenkt der Welt seinen Gewinn.

... bis zur inneren Ankunft

Das kostbare Geschenk, das der Held gewonnen hat und mit den Seinen teilt, ist vielleicht ein Stein, dem magische Kräfte nachgesagt werden, oder ein wertvolles Elixier, das ewiges Leben verspricht. In turbulenten Abenteuern ist er mehrfach nah dran, den »verlorenen Schatz« oder den »heiligen Gral« zu erobern. Nach dem entscheidenden letzten Abenteuer hält er das kostbare Gut dann in Händen und bringt es sicher in die Welt, aus der er einst aufgebrochen war. Zu den zentralen Motiven dieser Eroberung gehört es, dass das, worum es die ganze Zeit ging, mit einem Mal nicht mehr so wichtig ist. Am Ende erkennt der Held oftmals, dass er gar nicht auf der Suche nach unermesslichem Reichtum gewesen ist. Zu Staub zerbröseln ihm all die Dukaten und Taler zwischen den Fingern – aber das macht nichts. Denn der zurückgekehrte Held hat inzwischen begriffen, dass er auf einer ganz anderen Suche war, ohne es zu wissen. Parallel zur *äußeren Reise* vollzieht der Held eine *innere Entwicklung* – und das wird ihm meistens erst am vorläufigen Ende seines Weges bewusst. Er musste erst die Welt erobern, um sich selbst zu finden. Seine abenteuerliche Reise in die Ferne war ein Umweg – ein kraftraubender Umweg, der ihn an seine Grenzen geführt hat, aber allemal ein lohnender. Der Gewinn ist wertvoller als alle materiellen Schätze: »Der Held ist … der Mensch, ob Mann oder Frau, der fähig war, sich über seine persönlichen und örtlich-historischen Grenzen hinauszukämpfen zu den allgemein gültigen, eigentlich menschlichen Formen. Seine Visionen, Ideen und Eingebungen kommen unverdorben von den Urquellen menschlichen Lebens und Denkens.« (Joseph Campbell, *Der Heros in tausend Gestalten*, 1999, S. 26)

Achtsamkeit

Kaum ein Wissenschaftszweig hat in den letzten Jahren so viel Aufmerksamkeit auf sich gezogen wie die Neurowissenschaften. In weiten Teilen sind die altehrwürdigen Geisteswissenschaften zugunsten der neueren Kognitionswissenschaften in den Hintergrund getreten. Während die Erforschung des Ich früher ganz klar auf dem Hoheitsgebiet der Philosophie stattfand, sind die Zuständigkeiten inzwischen neu verteilt.

Ich möchte aus der Vielzahl der Veröffentlichungen, die in diesem Zusammenhang von Interesse wären, nur einen Text – oder genauer: nur einen Begriff auswählen, jenen der Achtsamkeit. Der Neurobiologe und Psychologe Daniel J. Siegel stellt ihn in seinem Buch *Das achtsame Gehirn* in den Mittelpunkt seiner Überlegungen. Achtsamkeit, das ist auf der einen Seite Gewahr- oder Gegenwärtigsein, die Lenkung der Aufmerksamkeit auf das Hier und Jetzt, eine Art der bewussten Steuerung unserer Wahrnehmung. Auf der anderen Seite klingt in dem Begriff auch die Achtung (vor den anderen) an. Wer »Achtung!« sagt, kann damit sowohl alarmieren, man solle nun aufpassen, als auch ausdrücken, er empfinde Respekt gegenüber jemandem.

Der Held kennt seine Aufgaben

Genau diese Doppelbedeutung ist auch für die Heldenreise von essenzieller Bedeutung. Ich beginne mit der zweiten Bedeutung:

Achtung vor anderen zu haben, ist genau das, was ich meine, wenn ich vom Ideal des demokratischen Helden spreche. Man könnte auch sagen, er ist ein achtender Held, während ältere Heroen oft verachtende Helden waren. Es ist kein Wunder, dass Siegel seine Wissenschaft *Interpersonelle* Neurobiologie nennt. Dort wie hier geht es nicht um das Fitmachen von verhärteten Einzelkämpfern für ihren Showdown gegen die ganze Welt, sondern um ein zukunftsstiftendes Heldentum, um einen Helden, der nicht von Feinden und Gegnern umzingelt ist, sondern Aufgaben sieht, die er zusammen mit anderen anpacken und bewältigen möchte. Und er wählt Arten und Weisen des Handelns, die keine Opfer hinterlassen. Er will keine Schandtaten begehen, sondern Gutes bewirken. Er will nicht von den Menschen getrennt, sondern mit ihnen sein.

Aufmerksamkeit im Alltag nutzt die Zeit

Nun zur ersten Bedeutung der Achtsamkeit als Fokussierung der Aufmerksamkeit. Wenn wir unser Leben gewissermaßen »einfach so« leben, unsere Alltagsroutinen immer weiter laufen lassen und auch alles andere »irgendwie« geschieht, dann verstreicht die Zeit formlos. Wenn wir aber bewusst und zielgerichtet unsere Aufmerksamkeit lenken, wenn wir achtsam gegenüber uns selbst sind, dann formen wir uns selbst, unser Erleben, unseren Alltag, unser ganzes Dasein. Wir lenken den Fluss der Zeit, wir sind den »Naturgewalten« dann nicht mehr wehrlos ausgeliefert, sondern bestimmen mehr und mehr selbst, wo und wie es langgeht. Achtsamkeit für sich selbst, für die eigenen Bedürfnisse genauso wie für die eigenen Fähigkeiten – das sind keineswegs irgendwelche »Luxusartikel«, die niemand wirklich braucht, vielmehr gelangen wir so zu uns selbst, an die Quellen unseres Menschseins: »Die Fähigkeit, seine eigenen Potenziale zu erkennen und zu entwickeln, ist das herausragende Merkmal des Menschen. Diese Selbstreflexionsfähigkeit braucht unsere Spezies überlebensnotwendig, um dem Chaos und der Starre gleichermaßen zu entgehen.« (Daniel J. Siegel, *The Mindful Brain – das achtsame Gehirn.* In: Hüther/Roth/von Brück, 2008, S. 38–55, hier S. 55)

Jeder Mensch hat diese Fähigkeit. Siegel verortet sie im »präfrontalen Kortex«, dem Bezirk des Gehirns direkt hinter der

Die Selbstreflexionsfähigkeit ist Voraussetzung für Achtsamkeit

Stirn. Wie dem auch sei, genau diese Fähigkeit (bzw. dieses Hirnareal) lassen wir Menschen allzu oft verkümmern. Wir gehen nicht sorgsam mit den Potenzialen um, die uns mitgegeben wurden. Die Nachlässigkeiten schleichen sich ein, verstärken sich im Wechselspiel mit den »Notwendigkeiten«, die wir so gerne beschwören, um eine Ausrede zu haben, weil wir die Dinge nicht anpacken. Die Spirale beginnt abwärts zu drehen, erst leicht, dann immer heftiger und unaufhaltsamer. Das Ende ist die Verödung ehedem fruchtbaren Bodens, auf dem nun nichts, aber auch gar nichts mehr wächst.

Die Heldenreise ist Dünger für die Achtsamkeit. Tritt man sie an, dann lernt man, was man früher vielleicht besser gekonnt hat – man lernt wieder, auf sich selbst zu hören, das zu hören, was im Alltagslärm die Stimme verloren hat. Man lernt wieder zu sehen, was aus dem Blickfeld geraten ist. Man lernt wieder, sich auf die wirklich wichtigen Dinge zu fokussieren, statt im Ver- und Zerstreuten alles als gleich wichtig oder unwichtig wahrzunehmen, alles gleichgültig als gleich gültig zu werten.

Die Heldenreise ist ein Trainingslager für Achtsamkeit, aber auch in der anderen angesprochenen Hinsicht. Wer sich selbst achtet und auf sich selbst achtet, wird letzten Endes auch den oder die anderen achten. Wer heute, hier und jetzt, ein wirklicher Held ist, hat verstanden, dass der Weg zum Heroe nur über die Achtung der Mithelden führen kann. Insofern sind das Konzept Achtsamkeit und die Heldenreise Anleitungen, sowohl sich selbst als auch die anderen mehr zu schätzen, mehr Aufmerksamkeit in beide Richtungen zu investieren, die Sorge um sich und den Respekt gegenüber den anderen auf einem hohen Niveau auszutarieren.

Ob Sie sich nun sich selbst zuwenden oder nicht, ob Sie auf die Heldenreise gehen oder so weitermachen wie bisher: Auf einer Reise sind Sie sowieso – es stellt sich allenfalls die Frage, auf welcher. Man kann mit Autopilot fliegen oder das Steuer selbst in die Hand nehmen. Man kann die Reise, auf der man sich befindet, dafür nutzen, zu sich selbst zu finden, oder ziellos den Schlingerkurs der automatischen Steuerung über sich ergehen lassen. Mein Rat in dieser Angelegenheit: Nutzen Sie Ihren Flug. Spannen Sie die beiden Flügel der Achtsamkeit auf. Und gehen Sie nicht auf die erstbeste All-Inclusive-Bequemlichkeitsreise, sondern machen Sie den einzig wirklichen Abenteuerurlaub: die Heldenreise.

Erzählen können

Das Modell der Heldenreise, wie es Campbell anhand von Geschichten aus mehreren Jahrtausenden entwickelt und das Rebillot und Kay zur spirituellen Methode der Selbsterfahrung ausgebaut haben, ist seither von zahlreichen Psychologen, Gestalt- und Psychotherapeuten adaptiert worden. Von fragwürdiger Esoterik bis zu ernsthaften Therapieformen reicht das Spektrum, in dem man sich auf die Reise begeben kann. Mit meinen Coachings und diesem Buch möchte ich die Methode nicht nur für den Einzelnen, sondern auch und vor allem für Teams und Organisationen, in Mitarbeiterseminaren, Teamentwicklungsprozessen und Change-Kontexten fruchtbar machen, sind doch die Helden unserer Tage vielfach ökonomische Akteure.

Die Heldenreise gibt es als Drehbuch im Kino

Aber auch auf einem ganz anderen Gebiet ist das Modell längst extrem wichtig geworden. Die Heldenreise, die zuerst in Mythen, Märchen und Sagen entdeckt wurde, findet heute in den Kinosälen rund um den Globus statt. In den Traumfabriken Hollywoods, Bollywoods und der ganzen cineastischen Welt werden Heldenreisen am laufenden Band produziert.

Christopher Vogler, der für Walt Disney, Warner Bros., 20th Century Fox und andere große Studios mehrere Tausend Drehbücher gelesen und bewertet hat, erkundete mit *Die Odyssee des Drehbuchschreibers* als Erster das archetypische Muster des modernen Films. Von A wie *Auf der Suche nach dem grünen Diamanten* bis Z wie *Zwölf Uhr mittags* basiert das große Kino auf dem Skript der Heldenreise. Ob *Titanic*, *Indiana Jones*, *Krieg der Sterne* oder *Pulp Fiction* – immer bedienen sich die Drehbuchautoren bei dem uralten Muster, das die Fantasie der Menschen seit den Anfängen der Geschichte wieder und wieder beflügelt hat. Vogler hat den genetischen Code des Drehbuchs geknackt und damit eine wirkungsvolle Anleitung für Autoren gegeben.

Die Heldenreise ist ein Grundmodell für Geschichten

Aber wir alle sind Autoren. Denn wenn Menschen zusammenkommen, erzählen sie Geschichten. Geschichten, die auf verschiedenen Mustern basieren. Die Heldenreise ist, wie wir bereits gesehen haben, ein Grundmodell, mit dem unendlich viele Geschichten erzählt worden sind. Und wir alle sind die Drehbuchautoren unserer eigenen Lebensgeschichte, unserer Erfolgsstory.

Die eigene Erfolgsstory schreiben

Wenn ein junges Unternehmen förmlich explodiert und nach wenigen Jahren schon viele Hundert Millionen wert ist, dann sprechen wir üblicherweise von einer Erfolgsstory. Die Gründer hinter der Story haben den Ruf gehört, haben ihre Vision verwirklicht und zieren als leuchtende Beispiele die Cover der Wirtschaftsmagazine. In vielen Teams, Büros, Abteilungen, Firmen und Unternehmen wird dagegen nicht (viel) erzählt – und es gibt auch keine erzählenswerte Erfolgsstory. Im Überfluss dagegen gibt es Stress, Überbelastung, Erschöpfung, Ärger, Frust, Verzweiflung und Angst, nicht selten mit körperlichen Folgen – Migräne, Magengeschwüre, Kreislaufstörungen, Tinnitus und Burn-out-Syndrom. Das sind Phänomene, die jeder kennt, ob als Selbstständiger, Angestellter oder Manager.

Wie soll man kreativ sein, mit dem Kopf im Schraubstock? Wie soll man Visionen entwickeln, als Rädchen in der unaufhörlich ratternden Maschine? Wie soll man sein Glück finden, wenn man ständig von ihm wegläuft? Wie soll man sich entfalten, wenn man rund um die Uhr um die besten Plätze auf der Karriereleiter kämpft? Sie können sich die Antwort leicht selbst geben. Wir müssen also einen Weg finden, um »Stopp!« sagen zu können – um schließlich unsere eigene Erfolgsstory erzählen zu können.

Paul Rebillot und Melissa Kay sprechen gelegentlich von einem »Nullpunkt«, wenn sie den Aufbruch des Helden beschreiben. Der Held hält inne, er sucht einen abgeschiedenen Ort der Ruhe auf, um aus dem reißenden Strom der Zeit auszusteigen. Indem er auf die innere Reise geht, blendet er das Alltagsleben mit seinen kleinen und großen Problemen aus und schafft die Möglichkeit, sich neu zu erfinden. Der *Business Hero* hält den Zeiger an, wohl wissend, dass die Uhr weitertickt. Er ist jemand, der sich eine Atempause verschafft, um mehr Luft zu bekommen. Er löst sich aus Zusammenhängen und bleibt doch im Kontext. Er verlässt seine normale Existenz, um stärker und erfolgreicher zurückzukehren. Er lernt auf seiner Reise jenseits des Alltags, seine eigene Vision vom Erfolg formulieren zu können.

Was nicht erzählenswert ist, ist überflüssig

Für wen kommt die Heldenreise infrage?

Sie fragen sich, ob Sie sich auf die Heldenreise einlassen sollten? »Ist das überhaupt das Richtige für mich?«, überlegen Sie. Sie müssen die Entscheidung selbst treffen. Um sie Ihnen zu erleichtern, führe ich ein paar typische Fälle auf, die ich in meiner Praxis – so oder so ähnlich – kennengelernt habe:

- Ein Selbstständiger, der allein arbeitet oder schon ein paar Mitarbeiter hat, zweifelt, ob der eingeschlagene Weg der richtige ist. Jeden Tag, wenn er aus seinem kleinen Büro in einem ehemaligen Ladenlokal kommt, ist die Sonne längst untergegangen. Er fühlt sich ausgebrannt und leer. Das Unbehagen nagt an ihm, aber er weiß es nicht einzuordnen.

- Ein gut bezahlter Angestellter in einem geordneten Beschäftigungsverhältnis, bei dem alles gut läuft, fragt sich, ob es das gewesen ist. Ob das das ganze Leben ist. »Was mache ich hier eigentlich?«, diese Frage bricht manchmal durch, ohne wirklich beantwortet zu werden. Das, was bisher ein auskömmliches Zuhause gewesen ist – der Job –, erscheint immer mehr als Gefängnis. Aber was könnte eine echte Alternative sein?

- Eine Abteilung in einer Firma oder einem Unternehmen. Alle Kommunikationskanäle sind freigeschaltet, die Rahmenbedingungen könnten kaum besser sein. Aber trotzdem funktioniert es irgendwie nicht. Von Teamplay kann keine Rede sein, von gelungener Kommunikation untereinander sowieso nicht. Große Visionen und hochgesteckte Ziele? Fehlanzeige! Stattdessen kleinkarierte Vorgaben wie 2,75 % mehr Umsatz – und selbst das droht schiefzugehen. Woran es hakt, kann niemand so recht sagen. Zur Motivationslosigkeit gesellt sich die Erfolgslosigkeit, der Druck wächst. Vielleicht ist schon etwas unternommen worden, aber vergebens. Die Stimmung ist am Boden, die Situation verfahren. Mit herkömmlichen Mitteln aus der Hausapotheke ist dem Problem nicht beizukommen.

- Ein Manager hat viel erreicht und will noch mehr erreichen. Aber während er am Anfang der Karriere die Stufen mit Leichtigkeit und unwiderstehlichem Schwung genommen hat, sind aus den Sieben-Meilen-Stiefeln inzwischen klobige Hemmschuhe geworden. Im Sternzeichen der Hausse geboren, droht die Karriere in der Baisse zu versinken. Oder ist der berufliche Erfolg, dem er hinterherhechelt, gar nicht mehr das, was er wirklich will? Ein ganz anderer Lebensentwurf muss her. Möglicherweise würde ihn das stille Leben als Schafhirte viel mehr erfüllen als die atemlose Hatz nach der Rendite.

- Ein Unternehmen möchte sich neu aufstellen. Das Management hat erkannt, dass die Geschäfte, die jetzt noch gut laufen, mittel- und langfristig keinen Erfolg mehr versprechen. Märkte in Bewegung erfordern Unternehmen, die sich immer wieder neu erfinden. Aber wohin die Reise gehen soll, ist nicht so leicht zu sagen. Nichts ist schließlich ungewisser als die Zukunft. Hilfe von außen oder besser: Hilfe zur Selbsthilfe ist nötig, um neue Impulse setzen zu können.

Wenn Wandel zur Routine wird

All diese Situationen – und die Liste ist sicher nicht komplett – haben eins gemeinsam. Die Zeichen stehen auf Veränderung, aber Lösungen sind nicht in Sicht. Benötigt wird ein professionelles *Change-Management*. »Aber woher nehmen, wenn nicht stehlen?«, ist man versucht zu fragen, obwohl genau das Gegenteil der Fall zu sein scheint: Change-Programme haben seit Langem Konjunktur, ihre Zahl ist nachgerade inflationär. Wie Martin Claßen und Felicitas von Kyaw in *Warum der Wandel meist misslingt* kompetent gezeigt haben, hat sich längst und auf breiter Basis ein erheblicher Überdruss an Change-Prozessen eingestellt. Und zwar auf allen Ebenen, bis hin zu den Führungsspitzen. Zu viele haben zu oft die leidige Erfahrung gemacht, dass Veränderung eine hohle Worthülse sein kann – und dass Change-Prozesse selbst zur ewigen Routine werden.

Veränderung heißt, sich auf etwas einzulassen

In diesen Fällen ist offensichtlich der Sinn für und der Sinn von Veränderung verloren gegangen. Manchmal wird von der »Implementierung« von Change-Prozessen gesprochen – aber Veränderung kann kein umsetzender, abwickelnder Akt der Bürokratie sein. Veränderung heißt, sich auf etwas einzulassen, das man nicht ganz und gar beherrscht und nicht ganz beherrschen kann. Wenn man die Veränderung wirklich will, wird man sich auf etwas einlassen müssen, das man nicht gänzlich steuern kann. Wenn man, ob als Einzelner oder als Unternehmen, Prozesse, Systeme, Strategien, Strukturen oder Verhaltensweisen aufbrechen möchte, dann sollte man den Konsequenzen ins Auge sehen. Vielleicht verändert sich im dynamischen Prozess das Ziel selbst. Vielleicht brechen unangenehme Wahrheiten durch die Oberfläche. Vielleicht erfasst die Veränderung nicht nur jenen kleinen Bezirk, der neu aufgestellt werden sollte, sondern das große Ganze. Echte Veränderung ist nur bedingt planbar – mitunter aber unbedingt notwendig.

Change findet wirklich statt

Findet die echte Veränderung aber wirklich statt, kann der Benefit des Unternehmens gigantisch sein. Ist die Quote der Helden in einem Unternehmen gering, dann wird sich hier und da etwas tun, steigt sie aber und erreicht schließlich eine »kritische Masse«, dann werden Kettenreaktionen ausgelöst, die sich am Anfang niemand vorstellen konnte. Dann könnte es passieren, dass etwas »durch die Decke geht«, wie man so schön sagt, nämlich die Kreativität, die Motivation, der Erfolg. Einzelkämpfer haben es schwer, bilden die vielen Helden aber eine

Allianz der Veränderung – und das heißt: Verbesserung –, dann bleibt Change keine Worthülse, sondern stellt sich schneller ein, als man das »von oben« durch Steuerungsmechanismen jemals bewirken könnte.

Veränderung ist die Realisierung der Zukunft – jetzt

Zu den interessantesten und eindrucksvollsten neueren Versuchen, die Problematik des Wandels zu denken, gehört zweifelsohne C. Otto Scharmers *Theorie U*. Am Anfang seiner Überlegungen steht ein einfacher Gedanke: Wandel kann nichts Äußerliches sein, er geht, wenn er wirklich ist, von einer »inneren Quelle« aus. Und zweitens: Wandel ist nicht die Fortsetzung der Vergangenheit mit anderen Mitteln, sondern die Realisierung der Zukunft im Jetzt. Die Veränderung kann also schaffen, wer *in sich zukünftige Möglichkeiten aktualisiert*. Scharmer nennt das »Presencing« – von *presence*, Gegenwart / Anwesenheit, und *sensing*, fühlen / erspüren – und meint damit, dass Veränderung geschehen kann, wenn man sie von der Zukunft her denkt. Der Weg nach innen, ins Ich, und nach vorne, in die Zukunft, ist der Königsweg, das Andere, das Neue, die Veränderung zu realisieren. Scharmer gibt uns sehr genau an, wie das aussehen könnte. Die Schritte, die äußere Wirklichkeit über den scheinbaren Umweg des Inneren, des Ich, zu verändern, sind: »innehalten, umwenden, loslassen, kommen lassen, in-die-Welt-bringen, verkörpern«. Sie werden diesen programmatischen Etappen so oder so ähnlich auch auf der Heldenreise begegnen. Auch bei ihr geht es wesentlich darum, dass Veränderung etwas ist, was zuerst und vor allem mit einer Reise nach innen zu tun hat – mit der Entdeckung verborgener Möglichkeiten.

Innovation ist Pflicht

Ökonomie ist heute, mehr noch vielleicht als früher, die Suche nach dem Neuen. Innovationskraft ist einer der wirtschaftlichen Faktoren überhaupt. Allerdings wird das Neue weitaus häufiger gesucht als gefunden. Das hängt offensichtlich damit zusammen, dass erstens dort gegraben wird, wo man alles Mögliche finden kann, nur nicht das Neue, und dass zweitens mit untauglicher Ausrüstung und fragwürdigen Methoden gesucht wird. Denn die naheliegendste Option wird vielfach übersehen: Der Mensch, das Ich, ist das Land der Möglichkeiten – und dorthin gilt es aufzubrechen.

Chaos ist die Triebkraft für Neues

»Man muss noch Chaos in sich haben, um einen tanzenden Stern gebären zu können«, schrieb Friedrich Nietzsche, der unkonventionellste unter den Philosophen. Mein Vorschlag für ein substanzielles Change-Management ist die Heldenreise. Der Held verlässt sein normales Leben, er gibt dem positiven Chaos in sich den Raum, den es sonst nicht hat. Der Ausgang ist offen. Oft kommt es zur Reaktivierung der schöpferischen Kraft, die wir alle haben, die aber in allzu vielen Fällen, warum auch immer, irgendwann verschüttet worden ist. Vielfach entstehen neue Motivationen, wo vorher Stress, Zynismus und Ziellosigkeit das Zepter fest in der Hand hatten. Und manchmal geschieht etwas ganz und gar Unerwartetes, etwas, das man nicht vorhersehen konnte und das ohne Beispiel ist und bleibt.

DIE SPUR DER INNEREN STIMME AUFNEHMEN

1. REFLEXION

Spätestens jetzt ist der Zeitpunkt gekommen, an dem Sie – wenn Sie dazu bereit sind – ausprobieren können, einmal »Stopp!« zu sagen und dem zu lauschen, was sich in Ihrem Inneren abspielt. – Aber bitte nicht gleich aufgeben, falls Sie nach ein bis zwei Sekunden noch nichts wahrnehmen. Erinnern Sie sich daran, wie Sie als Kind das Laufen gelernt haben? Da haben Sie auch nicht nach dem ersten Hinfallen aufgehört und gesagt: »Das geht nicht!« Nehmen Sie sich so viel Zeit, wie Sie brauchen, und seien Sie geduldig mit sich.

Wahrnehmungsübung für zwischendurch:

Empfindungen sind nicht nur eine Sache der Psyche, sondern genauso des Körpers. Achten Sie im Folgenden also nicht nur auf psychische, sondern auch auf physische Signale.

Halten Sie einen Moment inne:

Was denken Sie gerade? Wie würden Sie Ihre Stimmung beschreiben? Welche Gefühle dominieren in Ihrem Inneren? Wie geht es Ihnen? Ganz hervorragend? Oder so lala? Oder nicht so gut? Nutzen Sie die nachfolgende kleine Liste, um genauer zu differenzieren!

Fühlen Sie sich …

- … gelangweilt (dann sollten Sie dieses Buch möglicherweise weglegen und etwas anderes machen) oder doch …
- … angeregt, ängstlich, aufgeregt, aufgewühlt, begeistert, beschämt, einsam, entspannt, erleichtert, erschöpft, erstaunt, freudig, fröhlich, gespannt, hellwach, hoffnungsvoll, interessiert, klar, minderwertig, müde, mitfühlend, nachdenklich, neidisch, neugierig, resigniert, scheu, traurig, unzufrieden, verwirrt, verzweifelt, zufrieden, zugehörig …?

Spricht eines dieser Adjektive Sie an? Oder fallen Ihnen ganz andere ein? Wie dem auch sei, halten Sie diejenigen Adjektive fest, die am ehesten auf Sie zutreffen, die Ihre momentane Stimmung am besten beschreiben – und spüren Sie ihnen nach, sagen Sie die Wörter beispielsweise vor sich hin oder denken Sie darüber nach, was Sie mit ihnen in Verbindung bringen.

Was spüren Sie? Was fühlen Sie? Wie reagiert Ihr Körper darauf?

Beginnen Sie einfach zu beschreiben, was Sie jetzt wahrnehmen! Spüren Sie Resonanzen? Tut sich etwas vor Ihrem geistigen Auge? Regen sich Gefühle? Spüren Sie eine körperliche Reaktion – ein Gluckern im Bauch oder eine Körperstelle, die sich wärmer anfühlt als andere und als vorher usw. Lauschen Sie ganz unvoreingenommen und achtsam auf die Resonanzen, die sich ergeben. Fangen Sie so an, mehr und mehr Ihre Wahrnehmung zu trainieren, in sich selbst hineinzuhören, um Ihre innere Stimme besser wahrzunehmen und zu verstehen! Das eine oder andere Bild wird sich bilden, Vorstellungen sich verändern, und Sie werden sich neu und anders wahrnehmen. Nehmen Sie mutig und mit allen Sinnen wahr.

Innehalten und in sich hineinhören, das ist ein guter Weg zu lernen, die oft verschüttete innere Stimme wieder zu vernehmen.

Die sieben Etappen der Heldenreise

Jede Heldenreise ist anders, anders als alle anderen Heldenreisen. Nur Sie können Ihren Weg gehen, jeder andere wird seinen eigenen finden müssen. Kein Abenteuer gleicht dem anderen, jeder bricht auf, um seine eigenen Ziele zu erreichen, und jeder wird auf seinem Weg auf andere Widerstände treffen. Die Heldenreise ist eine ergebnisoffene Selbsterfahrung, für die es kein Instantpulver und kein gültiges Rezept gibt. Wären die Reise und das Ziel immer gleich, dann würde sie graues Einerlei fabrizieren. Als Instrument und Methode der Selbstentwicklung ist die Heldenreise elastisch und variabel genug, um den unterschiedlichsten Individuen, Persönlichkeiten und Charakteren Raum zu geben. Sie ist eine offene Form, um offene Menschen zur barrierefreien Selbstentfaltung anzuleiten.

Im Folgenden gebe ich eine vorläufige und sehr knappe Beschreibung der Heldenreise. Ich unterscheide sieben Phasen bzw. Stationen. Dieser Ordnung folgt auch das Buch, und in den einzelnen Kapiteln erfahren Sie dann, worum es konkret geht, welche Übungen Sie auf Ihrem Weg unterstützen können und wohin die Abenteuer Sie führen werden.

Der Ruf

Oftmals gehen die Dinge ihren alltäglichen Gang. Es passiert, was eben passiert. In solchen Zeiten glaubt man, dass es immer so weitergeht. Plötzlich jedoch erschüttern Wellen diesen langen, ruhigen Fluss. Der Ruf muss nicht unbedingt ein gellender Schrei sein. Ein leises Ticken, das sich unauffällig einstellt und nicht mehr geht – etwas hat sich verändert, aber man weiß zunächst nicht was. Die Stimme, die da herandrängt, braucht einen geeigneten Empfänger. Man muss den Ruf hören können, um ihm folgen zu können.

Der Souffleur sagt: »Du musst dein Leben ändern!«

Der Ruf kann Sie jederzeit erreichen. Er muss kein Alarmsignal sein, das sich erst einstellt, wenn eine ökonomische Krise sich längst bedrohlich entfaltet hat, sondern der Ruf kann genauso gut ohne offensichtlichen Anlass an Ihr Ohr dringen. Scheinbar ohne guten Grund lässt er Sie hartnäckig nicht mehr los, und Sie erfahren erst viel später, wieso er keine Ruhe geben wollte. Der Ruf kann von außen kommen, der Auftrag eines Vorgesetzten sein. Oder eine Nachricht im Wirtschaftsteil verdichtet sich zu der Mahnung, nun müsse etwas geschehen. In den weitaus meisten Fällen ist es aber ein innerer Souffleur, der Ihnen einflüstert: So geht es nicht weiter! Du musst dein Leben ändern!

Und der Ruf muss nichts »Heiliges« sein. Sie müssen keine Vision haben. Manchmal ist der Moment, in dem man den Ruf hört, ein ungemein profaner. Man versteht einfach die Notwendigkeit, dass jetzt getan werden muss, was eben getan werden muss. Man spricht dann vielleicht, ob laut oder leise, mit sich selbst, sagt: »Okay, ich hab's verstanden.« oder »Wenn nicht jetzt, wann dann?« oder ganz einfach »Auf geht's!«. Man spuckt in die Hände, krempelt die Ärmel hoch – und fängt an. Oder eben nicht, denn allzu oft ist man träge oder man weigert sich, obwohl man es doch längst besser weiß …

Die Weigerung

Den Ruf hören zu können ist eine Sache, ihm zu folgen eine andere. Der Ruf hat womöglich auch Sie schon erreicht, aber haben Sie sich auf ihn einlassen können? Menschen wie Unternehmen werden von Ambitionen angetrieben, aber gleichzeitig von Bequemlichkeiten und Sicherheitsbedürfnissen gehemmt. Zweifel und Einwände nagen an Ihnen und halten Sie zurück, die Angst vor der Veränderung drängt sich zwischen Sie und den Ruf. Es läuft doch alles irgendwie ganz gut, warum also sich auf ein Wagnis einlassen? Und selbst wenn eine Krise Sie, Ihre Abteilung, Ihr Unternehmen fest im Griff hat: Wer sagt denn, dass der Ruf den richtigen Weg weist? Er will, dass Sie den begradigten Fluss verlassen und einen unerforschten Nebenarm nehmen, von dem man nur weiß, dass dort unbeherrschbare Stromschnellen und gefährliche Untiefen warten. »Finger weg!«, sagt Ihnen jene andere innere Stimme. Lieber auf den vorgezeichneten Wegen und in Raten untergehen, als

Odysseus

Am Anfang der abendländischen Literatur stehen die *Ilias* und die *Odyssee* Homers. In der *Ilias* wird die Belagerung Trojas erzählt, die *Odyssee* begleitet den siegreichen Helden dann auf seinem abenteuerlichen Rückweg.

Zur Erinnerung: Nach dem Raub der schönen Helena zieht eine griechische Allianz nach Troja und belagert die Stadt. Odysseus allerdings zögert, dem Ruf zu folgen. Ihm wurde prophezeit, dass er, wenn er in den Krieg zöge, erst nach zwanzig Jahren zurück zu Frau und Kind gelangen würde. Der Trojanische Krieg dauert dann tatsächlich zehn Jahre, genauso lang wie die Odyssee zurück nach Griechenland.

> *Sage mir, Muse, die Taten des vielgewanderten Mannes,*
> *Welcher so weit geirrt, nach der heiligen Troja Zerstörung,*
> *Vieler Menschen Städte gesehn und Sitte gelernt hat,*
> *Und auf dem Meere so viel unnennbare Leiden erduldet,*
> *Seine Seele zu retten und seiner Freunde Zurückkunft.*
>
> HOMER, BEGINN DER »ODYSSEE«

Odysseus hat nach der langjährigen erfolglosen Eroberung die entscheidende Idee. Mit der berühmtesten Kriegslist der Geschichte bringt er die gegnerische Stadt zu Fall. Er lässt ein hölzernes Pferd bauen. In ihm verstecken sich die tapfersten der griechischen Kämpfer, der Rest bricht zum Schein die Lager ab. Die Trojaner fallen auf die List herein, ziehen das Pferd in ihre Stadt und besiegeln damit ihren Untergang.

Als Odysseus sich nach der Zerstörung Trojas auf den Weg nach Hause macht, treiben ihn die Winde kreuz und quer über die Meere. Während seiner Irrfahrt wird er in unzählige Abenteuer verwickelt. Er blendet den einäugigen Riesen Polyphem, widersteht dem bezirzenden Zauber der Circe und dem unendlich süßen Gesang der Sirenen, entkommt den Seeungeheuern Skylla und Charybdis, wird unfreiwillig der Geliebte der Nymphe Kalypso und strandet nackt in den Armen der Prinzessin Nausikaa. Nach zwei Jahrzehnten kehrt er endlich zurück nach Ithaka und erobert, verkleidet als Bettler, das Herz seiner Gemahlin Penelope von Neuem.

Homer beschreibt in seinem Epos die Abenteuer des Helden als Irrfahrt. Überall lauern Gefahren, Fallen und Tücken. Odysseus ist kein muskelbepackter Herkules, der seine Feinde ungespitzt in den Boden rammt. Zu Recht wird er der »Listenreiche« genannt. Sein Weg ist gepflastert mit kniffligen Rätseln, für die er intelligente Lösungen findet.

sich tollkühn der Ungewissheit und möglicher Gefahr anzuvertrauen. Die Weigerung ist eine ganz natürliche Reaktion auf den Ruf – kaum jemand ist immer und bedingungslos ein Ritter ohne Furcht und Tadel.

Die Entscheidung

Der Konflikt zwischen dem Impuls, in die Ungewissheit aufzubrechen, und der Mahnung, sich nicht in die Gefahr zu begeben, ist eine entscheidende Klippe. Aber wenn die beiden konkurrierenden Stimmen sich streiten, ist der erste Schritt schon getan. Der verwegene Held und der zurückhaltende Boykotteur fechten um die Entscheidung: »Die Segel frisch in den Wind«, sagt der eine. »Gemach, gemach, die eingeübten Routinen sind nicht perfekt, aber sie funktionieren«, beruhigt der andere. Hören Sie sich beide an, und lassen Sie sich Zeit. Es spricht auch nichts dagegen, den Konflikt mit anderen zu beraten. Im Gegenteil. Sie werden Verbündete finden, die Ihnen zusprechen oder abraten, die Ihre Zweifel nähren oder Ihr Selbstvertrauen stärken. Und im besten Fall treffen Sie auf jemanden, der Ihnen die Entscheidung leicht macht und Sie frohen Mutes auf die Reise schickt. Aber nur Sie allein können letztendlich die Entscheidung treffen. Und wenn es um ein Abenteuer geht, an dem nicht nur Sie, sondern auch Ihre Vorgesetzten, Mitarbeiter und Untergebenen teilnehmen sollen, wiederholt sich dieser Prozess.

Exkurs: Die Mentoren

Nachdem die Entscheidung gefallen ist, müssen Taten folgen. Das ist oft leichter gesagt als getan. Aber unverhofft kommt bekanntlich oft: Immer wieder erleben aufbruchswillige Helden, dass wie aus dem Nichts Mentoren auftauchen, die sie unterstützen, die im Hintergrund an den richtigen Knöpfen drehen oder die die Helden in spe mit klugem Rat (der bekanntlich teuer ist) beschenken. Die Mentoren treten oft in archetypischen Gestalten auf, die wir aus Sagen und Märchen kennen:

Gefährten treten aus dem Dunkel und kämpfen an Ihrer Seite, eine innere Instanz nimmt Gestalt an und eröffnet Ihnen neue Sichtweisen, ein Narr sagt unverblümt die Wahrheit, ein undurchsichtiger Herrscher zieht im Hintergrund an gewissen Fäden, ein Magier setzt seine Kräfte für Sie ein, eine zerbrechliche Elfe reinigt Ihre Seele, ein gewaltiger Kämpfer schenkt Ihnen seine Treue – oder ein Mentor hält seine Hand schützend über Sie und nimmt sich Ihrer an. Insbesondere die Figur des Mentors unter all den möglichen Weggefährten halte ich für eine zentrale Figur der Heldenreise. Er tritt nicht selten in der Gestalt eines Weisen auf, manchmal auch als weibliches Pendant oder aber in Form des inneren Kindes.

Der Mentor hat, anders als der Held, einen gewissen Abstand zum Abenteuer. Während der Held oft direkt am Geschehen klebt, überblickt der Mentor es sozusagen aus der Vogelperspektive. Er stammt gewissermaßen aus einer anderen Dimension oder einer anderen Zeitebene, er hat in einer mythischen Vorzeit Erfahrungen gemacht, die der Held nicht machen konnte. Er kann ganz anders zwischen Schein und Sein unterscheiden, er hält nicht gleich jede Fassade für bare Münze. Sein geheimes Wissen rührt aus fernen Quellen, von denen der Held noch nicht getrunken hat – noch nicht.

Wer auch immer als Berater, Beschützer und »Anschieber« agiert, es geht hier vor allem darum, dass Unterstützung von außen sich viel öfter einstellt, als verzagte Noch-nicht-Helden sich vorstellen können.

Kampf an der Schwelle

Ist der Beschluss gefasst, die ausgetretenen Pfade zu verlassen und das Abenteuer zuzulassen, dann richten Sie sich darauf ein, schon bald erneut auf Widerstand zu stoßen. An der Schwelle zum »neuen Land« treffen Sie schnell auf einen Hüter, einen »Dämon« des Widerstands, der bewahren und festhalten will. Jetzt müssen Sie beweisen, dass Sie tatsächlich bereit sind. Jetzt zeigt sich, ob Sie Ihren Beschluss wirklich gefasst haben oder ob

Ihre kleinen Boykotteure sich von dem Schwellendämon aus ihrem leichten Schlaf wecken lassen. Steht Ihre Entscheidung oder wirft der erste Gegenwind Sie um? Diejenigen, die mutig und ohne Zögern die Schwelle nehmen, werden feststellen, dass der Dämon nur scheinbar ein Hindernis ist. Seine »negativen« Kräfte und ihre »positiven« Energien lösen sich, die starre Opposition verflüchtigt sich, zwischen den Polen entsteht eine Dynamik, ein Kräftefluss, der ohne diesen Übergang undenkbar wäre. Sobald Sie das Neuland betreten, werden Sie Teil einer Verwandlung, einer Transformation, die Sie für die abenteuerliche Reise stärkt. Von nun an versagen die alten Gewissheiten ihren Dienst, hier haben die Straßen keine Namen und hier verkehren keine Linienbusse. Die alten Strukturen brechen auf und rasant eröffnet sich Ihnen eine neue, buchstäblich außerordentliche Welt.

Die große Prüfung

Sie haben den Ruf gehört, die Herausforderung angenommen und sind über die Schwelle getreten. Sie haben die gewohnte Welt verlassen, die nach mehr oder weniger berechenbaren Regeln funktioniert. Jetzt kommt die hohe Zeit der Abenteuer: Sie kämpfen mit dem Drachen, retten die Jungfrau oder werden vom schwarzen Ritter herausgefordert, um es in der Sprache der Märchen, Mythen und Sagen auszudrücken. In diesen Bewährungsproben sind Sie auf sich allein gestellt. Gefahren lauern, von denen Sie vorher nichts geahnt haben. Sie werden zwar Mitstreiter finden, die mit Ihnen Rücken an Rücken für die gute Sache kämpfen, aber die Patentrezepte und Erfahrungswerte Ihres Alltagslebens können Ihnen jetzt nicht mehr helfen. Abenteuer haben keinen Stundenplan. Sie werden also Lösungen ohne Vorbild finden müssen. »Wenn nicht jetzt, wann sonst?« – sollte die Rede von der Kreativität einen Sinn haben? Um schöpferisch die Gefahren meistern zu können, wird man aus dem Fluss des Vergessens trinken müssen. Was dann Kontur gewinnt, ist der Kern Ihres Ich, Ihrer Persönlichkeit mit all ihren erfinderischen Qualitäten. Die Serie der Abenteuer gipfelt in der großen Prüfung, für die Sie sich auf die Reise begeben haben. Nun entscheidet sich, ob Sie mit einem kostbaren Schatz auf die Rückreise gehen können.

Die Belohnung

Parzival fand den Heiligen Gral, Siegfried den Nibelungenschatz und Harry Potter den Stein des Weisen. Und welches Geschenk werden Sie mitnehmen?

All die Schätze, Elixiere und Amulette der fantastischen Heldenzyklen sind Symbole. Das innere Bild, das Sie sich von Ihrem Geschenk machen, glänzt vielleicht golden oder funkelt wie ein Edelstein. Oder Sie stellen sich etwas vor, das man nicht in Worte fassen kann, etwas, das schlicht unbeschreiblich ist. Das wirkliche Geschenk aber, für das all diese Schätze sinnhaft stehen, kann nicht in konvertierbare Währung getauscht und auf ein Bankkonto transferiert werden. Es ist in der Tat viel wertvoller. Sie selbst haben sich verändert. Sie haben sich beschenkt, indem Sie ein anderer geworden sind. Sie sind gewachsen und haben eine neue »Optik« gefunden, eine neue Art und Weise, die Welt, die Prozesse in Ihrem Unternehmen oder Ihren eigenen Karriereweg ins Auge zu fassen. Sie können jetzt klar und deutlich sehen, was vorher im Dunkeln verborgen war. Was vorher wichtig erschien, hat möglicherweise seine Relevanz verloren. Was ehedem keine Bedeutung hatte, rückt nun vielleicht in den Mittelpunkt. Wie die Belohnung, die nur Sie gewinnen können, aussieht, kann Ihnen niemand sagen – nur Sie selbst werden sie erfahren.

Die Rückkehr

Nach der Heldenreise kehren Sie als neuer Mensch in Ihr altes Leben zurück. Jetzt ist es an der Zeit, das sorgsam gehütete Geschenk zu reinvestieren. *Return & invest* heißt also der Auftrag, der am Ende der Heldenreise steht. Was auch immer Sie aus jener anderen Welt mitgenommen haben, es wird Ihnen im Alltag und Berufsleben weiterhelfen können. Ihre Persönlichkeit ist an den Aufgaben und Prüfungen gewachsen, denn Sie hatten keine andere Wahl, als die Lösungen aus sich selbst zu schöpfen. Sie sind gereift, Ihre Aufmerksamkeiten haben sich verschoben, Sie sind jetzt bereit, andere Schwerpunkte zu setzen. Während Sie sich vorher als zerrissen wahrgenommen haben, haben Sie nun die Sicherheit gewonnen, sich selbst zu formulieren, besser und klarer »Ich« sagen zu können. Damit wird sich auch das Verhältnis zu den Menschen in Ihrer Umgebung grundsätzlich verändern. Ihre Familie, Ihre Freunde und Kollegen, Ihre Businesspartner und die Stakeholder, die Sie als ökonomisch agierende Person umgeben, werden davon profitieren. Das ist Ihr »Return on Investment«, den Sie für Ihren Mut, auf die Heldenreise zu gehen, ausgezahlt bekommen werden.

Man steigt nicht zweimal in den gleichen Fluss, meinte der griechische Philosoph Heraklit. Wenn Sie sich ein zweites Mal auf die Reise begeben sollten, werden es wiederum ganz andere Erfahrungen sein, die Sie machen – denn nicht nur der Fluss, auch Sie sind längst ein anderer.

2. Im Alltäglichen – zum Außergewöhnlichen

Es war einmal ein Elefant …

… und wenn er nicht gerade in der Manege seine Kunststücke vorführte und die Menschen vergnügte, stand er hinter dem Zirkuszelt – ein Bein von einem breiten Stahlreifen umschlossen. Die Kette, die ihn an einen in den Boden gerammten Holzpfahl fesselte, hätte der mächtige Koloss mühelos aus dem Boden reißen können. Aber er tat es nicht.

Als er zum ersten Mal angekettet wurde, war er noch ein kleiner Elefant, der sich nicht aus eigener Kraft befreien konnte. Schon bald hatte er begriffen, dass alle Anstrengungen vergeblich waren, und er gewöhnte sich an den Pfahl.

Als er schließlich stark genug war, hatte er schon längst aufgegeben, es zu versuchen. Solange er Heu, Wasser und dann und wann ein paar Erdnüsse bekam, war er bereit, den Rest seines Lebens innerhalb eines Durchmessers von vier Metern zu verbringen.

Unser Elefant wäre nicht der erste, der bei einem Brand ums Leben kommt, obwohl er den Pfahl, an den er gekettet ist, ohne jede Schwierigkeit aus dem Boden ziehen könnte.

Stehen Sie am Scheideweg?

Haben Sie es schon einmal gewagt, den Pfahl herauszureißen oder die Ketten zu sprengen? Wo haben Sie zuletzt die Lust verspürt, die gewohnten Pfade zu verlassen, um Ihren eigenen Lebensweg wiederzufinden oder einen ganz neuen Weg auszuprobieren? Wann haben Sie das letzte Mal diese Stimme gehört, die Stimme Ihres »inneren Kindes«, das noch nicht gelernt hat, dass der Pfahl fest verankert ist? Oder brennt es schon und Sie bleiben Ihren Fesseln doch treu ergeben?

Erinnern Sie sich an dieses Gefühl, das wir alle kennen, wenn Sie entgegen allen Regeln, Gepflogenheiten und eingefleischten Überzeugungen etwas »Verbotenes« tun, das sich in diesem speziellen Moment und *für Sie* einfach »stimmig« anfühlt? Wenn Sie nicht mehr fragen »Was soll ich? Was muss ich? Was darf ich?«, sondern Ihrem Herzen folgen und wahrhaftig Sie selbst sind? Die Ketten, die wir alle mit uns herumschleppen, zerren eher an uns als wir an ihnen, und sie halten uns fest, manchmal ein Leben lang. Wir alle sind Dickhäuter, die sich daran gewöhnt haben, so einiges zu ertragen. Wir sind Gefangene unserer Gewohnheiten und müssen erst wieder lernen, was wir wirklich wollen.

»Wie wirklich ist die Wirklichkeit?«

Es ist an der Zeit, unsere Realität, unsere Wirklichkeitskonstruktionen zu verändern. »Wie wirklich ist die Wirklichkeit«, hat uns der Philologe und Philosoph Paul Watzlawick gefragt – und ein eindrückliches Beispiel gegeben: Ein Mann klatscht alle zehn Sekunden in die Hände. Auf die Frage nach dem Grund antwortet er: »Um die Elefanten zu verscheuchen.« Auf den Einwand, es gebe hier doch gar keine Elefanten, entgegnet er: »Na, also! Sehen Sie?«

Jemand, der ständig in Furcht (vor Elefanten?) lebt, hat seine Wirklichkeit offensichtlich konstruiert. Aber seine Konstruktion ist real – tatsächlich wird er, Elefanten hin oder her, von seiner Angst bedrängt. Wir erzeugen unsere Wirklichkeit und wir sollten uns verantwortlich für sie fühlen. Die Realität rollt nicht über uns als hilflose Opfer hinweg, vielmehr erzeugen wir selbst maßgeblich unsere Wirklichkeit.

Tief in uns allen gibt es etwas unerhört Wertvolles, ein Potenzial, ein ganzes Bündel von Fähigkeiten, von brachliegenden Möglichkeiten, das nur darauf wartet, endlich in allen Facetten ausgelebt zu werden – es ist vielleicht verschüttet, aber es ist da, es ist wirklich, und wir müssen diesen tief in uns verborgenen Schatz selbst entdecken und heben.

Mein Aufbruch zu mir selbst

Ich möchte Ihnen zuerst von mir erzählen. Und zwar deswegen, weil jede Heldenreise damit beginnt, sich endlich wieder mit *sich selbst* zu befassen; weil die Heldenreise *in uns* beginnt und *zu uns* führt. Auch ich musste das erst lernen. Ohne meinen Aufbruch zu mir selbst wäre ich nicht die geworden, die ich bin. Und ohne meinen Aufbruch zu mir selbst könnte ich Ihnen nicht aufrichtig ans Herz legen, ebenfalls auf die Reise zu gehen.

Bequemlichkeit ist das, was man vom Leben erwarten kann

Das Studium, meine erste Ehe, mein erster Job, ja, es gab immer wieder Phasen, in denen ich mich herausgefordert fühlte, als die Aufgaben wirklich reizvoll und die Beziehung wahrhaft prickelnd waren. Doch im Laufe der Zeit fand ich Gefallen an der Sicherheit und richtete mich bequem ein. Ich fühlte mich sogar eher unangenehm berührt, wenn in mir ein Gefühl von Wehmut oder Sehnsucht aufstieg. Oftmals fand ich mich regelrecht undankbar, schließlich hatte ich doch alles, was ich wollte und was man vom Leben erwarten kann …

Und doch quälte mich tief drinnen etwas. Ein innerer Geist der Unruhe verlangte nach »mehr«, was auch immer das bedeutete. Ich reagierte mit Schuldgefühlen und ging mit mir ins Gericht, hielt mich für verwöhnt, unverschämt und größenwahnsinnig. Aber ich konnte die innere Stimme nur kurz und immer kürzer ruhigstellen. Immer halbherziger wurden meine Versuche, das, was da herandrängte, zum Verstummen zu bringen. In immer kürzeren Intervallen meldete sich der Störenfried. An Ruhe und Gelassenheit war nicht mehr zu denken, und prompt ging ich meinem Umfeld mit meinen Launen gehörig auf die Nerven.

Ich versuchte weiter, mich in den Griff zu bekommen, bis sich erste körperliche Symptome zeigten. Jeden Abend hatte ich Beklemmungen und Angstgefühle. Ich schlief schlecht, schreckte nachts panisch hoch. Tagsüber fühlte ich mich matt und ausgelaugt, konnte mich nur mit unzähligen Tassen Kaffee über den Tag retten. Ich hatte das Gefühl, alle ziehen und zerren an mir. Mein Mann, meine Familie, meine Kollegen, mein Chef, die gesamte Firma – alle forderten ihr Recht und ich blieb immer mehr auf der Strecke.

In meiner Not wandte ich mich an einen guten Freund und erzählte ihm davon, dass ich mich gerne für ein paar Tage ausklinken würde, um über mich, mein Leben, meine Arbeit und meine Beziehung nachzudenken, um mir klar darüber zu werden, wo ich hin wollte, wie mein Weg weiter aussehen sollte.

Ich fühlte mich sehr unsicher, als ich für ein paar Wochen in ein Kloster aufbrach, um an einem Persönlichkeitsseminar teilzunehmen. Dort saß ich zwischen wildfremden Menschen und wollte meine derzeitige Situation klären und herausfinden, was für mich wirklich richtig und stimmig war. Nein, am liebsten wäre ich einfach davongelaufen ... Aber in diesem Moment sprang mir meine Feigheit zu Hilfe und ich blieb.

***Ich* will leben**

Die Fragen, die auf mich einstürzten, die ungewohnte Umgebung, die fremden Übungen – das alles wühlte mich auf und stellte alles auf den Kopf. Ich war tief erschüttert und weinte beinahe ununterbrochen – fünf lange Tage, in denen sich ein Meer von Traurigkeit in mir ausbreitete. Ich nahm innerlich Abschied von allem, ich verlor meinen Halt, aber ich lernte gleichzeitig auch, dass »leben« nicht nur heißt »für andere leben«, immer nur für die Erwartungen und Ansprüche der anderen da zu sein. Die Unsicherheit vor dem Neuen ergriff mich und ich taumelte im Schmerz. Die widersprüchlichen Impulse, die vorher durch die Zwänge des Alltagslebens zusammengehalten worden waren, entfalteten sich jetzt mit voller Wucht. Die Sicherheiten flogen auseinander, gleichzeitig wurden aber auch die Grenzen gesprengt, die mich eingeengt und mir den Atem genommen hatten.

Als ich später meine Aufzeichnungen von damals noch mal hervorkramte, las ich: »Ich möchte der Mensch werden, der ich bin. Ich möchte meine Fähigkeiten entdecken und nutzen, lieben können und geliebt werden.«

Der Mensch zu werden, der ich bin – das klingt paradox, doch genau darum geht es auch noch heute in meinem ganzen Leben. Der Psychologe Carl Gustav Jung beschreibt diese Reise zu sich selbst als den Prozess der Individuation. Roberto Assagioli, Arzt und Psychotherapeut, spricht vom »Prozess des fortschreitenden Erwachens« und meint damit einen Vorgang der Bewusstwerdung.

Fang neu an!

Gegen Ende des Seminars tauchten vage und schemenhaft Ideen, Bilder und Fantasien auf, die sich immer mehr verdichteten und konkrete Gestalt annahmen. Plötzlich zerrissen die Schleier, und ich konnte klar sehen. Das Ergebnis hieß schlicht und ergreifend: Fang neu an!

Und ich fing tatsächlich neu an, beruflich wie privat. Ich hatte mit einem Mann gelebt, den ich nicht liebte, und einen Mann geliebt, mit dem ich nicht zusammenlebte. Ich hatte einen Job, in dem ich gut verdiente, Führungsverantwortung hatte, der angesehen war, mich aber fast täglich bedrohlich an meine Grenzen brachte, in dem ich das Gefühl hatte, meine Fähigkeiten überhaupt nicht einbringen zu können – und nicht zu dürfen. Ich wollte raus, einfach nur raus, hatte aber den Notausgang bisher nicht gefunden.

Ich werde nie die ersten Stunden nach der Rückkehr vom Seminar vergessen. In meiner Wohnung kam mir alles eigentümlich fremd und weit weg vor, ich fühlte mich wie zu Besuch. Gleichzeitig spürte ich tief in mir eine unglaubliche Ruhe und Klarheit. Ich hatte meinen Weg deutlich vor Augen. Ich hatte mir längst eingestanden, dass das Versteckspiel aufhören musste, dass in meiner Ehe die Weichen auf Trennung standen. Und auch beruflich hatte ich eine endgültige Entscheidung getroffen. Ich kündigte und begann meine Selbstständigkeit als Trainerin vorzubereiten.

Neuanfang bedeutet: volle Kraft voraus

Ich fühlte mich wie eine Akrobatin hoch oben am Trapez, ohne Netz und doppelten Boden. Ich war stark, weil etwas tief in mir mich traumwandlerisch sicher leitete, und ich war doch immer noch ängstlich und aufgeregt, weil es jetzt galt, den großen Sprung zu wagen. Ich wusste nicht, ob es gut gehen würde, aber es gab keine Alternative, ich musste und wollte mich mutig in die Ungewissheit stürzen. Nichts und niemand konnten mich zurückhalten, und mit aller Kraft stieß ich mich ab.

Nach meiner klaren Entscheidung fühlte ich mich sofort entlastet, befreit, die Beklemmungen und Angstzustände verschwanden. Zwar machte ich zu jener Zeit von außen betrachtet einen reichlich unsicheren Eindruck, aber tatsächlich war ich innerlich stark und so sicher wie nie zuvor. Ich wurde von der tiefen Gewissheit getragen, den richtigen Schritt getan zu haben. Was andere an mir als existenzielle Krise wahrnahmen, war für mich ein Befreiungsschlag von Fesseln und Ketten und von Bequemlichkeiten. Ich kannte meinen Weg und hatte neue Träume, Ideen und Fantasien. Es gab wieder etwas, das meinem Leben Sinn gab. Etwas, was sich gut anfühlte und unglaublich viel Energie freisetzte. Ich ging gestärkt aus dieser schwierigsten Phase meines Lebens hervor, war bereit, das Steuer selbst in die Hand zu nehmen und die Reise in ein neues Leben anzutreten. Das Abenteuer begann!

Reiseunternehmen

The same procedure as last year? The same procedure as every year! Jedes Jahr untersucht das Beratungsunternehmen Gallup das Mitarbeiterengagement in Deutschland. Und es endet jedes Jahr mit fast den gleichen Ergebnissen. Der Engagementindex, den die Gallup-Studie ermittelt, unterscheidet zwischen hoher, geringer und nicht vorhandener emotionaler Bindung an das eigene Unternehmen. Die Werte sind erschreckend – und seit 2001 sind sie zwar geringfügig, aber erkennbar noch einmal in den Keller gegangen.

Du kannst dein Leben ändern

Peter Sloterdijks Durchbruch als Philosoph war die *Kritik der zynischen Vernunft* von 1983. Seither hat er ein nicht unbeträchtliches Regal mit Buchveröffentlichungen gefüllt und inzwischen sogar sein Metier fernsehreif werden lassen. Seit 2002 moderiert er mit Rüdiger Safranski die Gesprächsrunde *Im Glashaus: Das Philosophische Quartett*. Noch vor seinem ersten Erfolg lebte er Ende der 70er-Jahre als Sanjassin bei Bhagwan in Poona, im indischen Bundesstaat Maharashtra gelegen. Dort ist er nach eigener Auskunft »unempfänglich geworden für Theorien, in denen die Depression immer Recht hat«. Seine stets anregende »fröhliche« Philosophie hat in den letzten Jahren reiche Früchte getragen, gipfelnd in seinem letzten Großwerk *Du mußt dein Leben ändern*.

»Wer Menschen sucht, wird Akrobaten finden«, heißt es dort. Sloterdijk beschreibt den Menschen als steigerungsfähiges und verwandlungstüchtiges Wesen. Der Mensch alleine unter jenen, die die Erde – den »Planet der Übenden« – bevölkern, ist dazu fähig, sich selbst anzusprechen mit dem Imperativ: Ändere dein Leben! Der Mensch kann sich in Askese üben, nach oben streben, über sich selbst hinaus, er kann triumphierender Athlet des Daseinssports werden, ein Be(rg)steiger und Erkletterer eigenhändig aufgefalteter Gebirge, ein gravitätsüberwindender Stabilisator des Hochunwahrscheinlichen und Realisator des noch Unmöglichen. Der Mensch ist ein Virtuose der Selbstverwandlung und Höhergestaltung, die Welt sein Trainingslager. »Menschsein heißt« in der Moderne »sich selbst als Werkstatt der Selbstrealisierung betreiben«. Allerdings erweist sich der Mensch als Wesen der zwei Geschwindigkeiten: »Woran es der Welt mangelt, sind nicht Leute, die bereit sind, Fortschritte in der Ebene mitzumachen. Was

Wir kannten nicht sein unerhörtes Haupt,
darin die Augenäpfel reiften. Aber
sein Torso glüht noch wie ein Kandelaber,
in dem sein Schauen, nur zurückgeschraubt,

sich hält und glänzt. Sonst könnte nicht der Bug
der Brust dich blenden, und im leisen Drehen
der Lenden könnte nicht ein Lächeln gehen
zu jener Mitte, die die Zeugung trug.

Sonst stünde dieser Stein entstellt und kurz
unter der Schultern durchsichtigem Sturz
und flimmerte nicht wie Raubtierfelle;

und bräche nicht aus allen seinen Rändern
aus wie ein Stern: denn da ist keine Stelle,
die dich nicht sieht. Du mußt dein Leben ändern.

RAINER MARIA RILKE, »ARCHAISCHER TORSO APOLLOS«

sie braucht, sind Menschen, in denen der Sinn für die Senkrechte neu erwacht.«

Lassen Sie sich von Gipfelkreuzconnaisseuren wie Sloterdijk nicht irritieren: Ob Sie die Herausforderung der unbestiegenen Steilwand annehmen oder lieber eine weniger gefährliche Route wählen, ist Ihre Entscheidung. Und nicht nur das: Wenn Ihnen das Klima in der Ebene besser bekommt, machen Sie es sich bequem. Falsch an Rilkes letzter Gedichtzeile und Sloterdijks Buchtitel ist alleine das Modalverb. Richtig muss es heißen: Du *kannst* dein Leben ändern. Freilich möchten uns weder der Dichter noch der Philosoph dazu zwingen, uns zu ändern. Indem Rilke davon spricht, er *müsse* sein Leben ändern, verleiht er vielmehr dem plötzlich in ihm aufsteigenden Willen zur Veränderung Aus- und Nachdruck. Auf geht's, ermutigt er sich. Mit anderen Worten: Es ist für ihn in diesem Augenblick, an diesem Ort richtig und stimmig, sein Leben ändern zu wollen. Wenn das bei Ihnen nicht so ist: auch gut! Aber es kann nicht verschwiegen werden: Du kannst dein Leben ändern!

Nehmen Sie Signale ernst

84 bis 88 Prozent aller Arbeitnehmer, inklusive der Führungskräfte, empfinden gegenüber ihrer Arbeit keine echte Verpflichtung. 67 bis 70 Prozent machen Dienst nach Vorschrift, 15 bis 20 Prozent sind »aktiv unengagiert« und haben »innerlich gekündigt«. Der volkswirtschaftliche Gesamtschaden ob dieser latenten Leistungsverweigerung wird allein in Deutschland auf 80 bis 110 Milliarden Euro geschätzt.

Dramatische Zahlen, aber in den meisten Unternehmen passiert gar nichts. Die Zahlen rauschen kurz durch den Blätterwald der Wirtschaftszeitschriften und werden heftig diskutiert. Man mag an der Genauigkeit der Zahlen und den Methoden der Erhebungen zweifeln, aber wie man die Ergebnisse auch dreht und wendet, die Tendenz ist beängstigend. Die Entscheider in den Unternehmen verdrängen die Fakten meist allzu schnell. Die Alarmsignale werden ignoriert und man macht weiter wie bisher: »Das mag vielleicht für andere Unternehmen zutreffen, bei uns sieht das ganz anders aus.«

Noch eine Zahl aus dem Hause Gallup: Über 30 Prozent der Geschäftsergebnisse eines Unternehmens sind auf etwas zurückzuführen, was man »Emotional Economy« nennen kann. In Deutschland sprechen wir zumeist von den »weichen Faktoren der Wirtschaft«. Gemeint ist damit ein Pool von Einstellungen, Emotionen und Verhaltensweisen sowohl der Mitarbeiter als auch der Kunden eines Unternehmens.

Ein Drittel des Erfolgs hängt sehr eng mit Motivation und Engagement zusammen. Mindestens vier von fünf Mitarbeitern empfinden aber nur eine geringe, keine oder sogar eine »negative« Verpflichtung gegenüber dem eigenen Unternehmen!

Gewinnmaximierung kontra Werteorientierung muss nicht sein

Zwar erkennen immer mehr Unternehmen, dass es neben Kennzahlen, Daten und Fakten noch andere Aspekte gibt, die die Geschäftsergebnisse beeinflussen. Sie denken nicht mehr einseitig nur an Gewinnmaximierung, sondern fördern beispielsweise auch etwas wie Werteorientierung. In Gesprächen unter vier Augen unterstreichen viele Führungskräfte die immense Bedeutung von »weichen« Faktoren. Und doch sieht der Unternehmensalltag meistens anders aus und es ist oft nicht weit her mit der Umsetzung der klugen Einsichten. Schließlich bleibt allen kaum einmal Zeit, um Luft zu holen. – Nach der Krise ist vor der Krise, und das heißt in letzter Konsequenz, dass nie Zeit ist, um eine Inspektion der emotionalen Aspekte vorzunehmen.

Investieren Sie in die »emotionale Ökonomie«

Weiche Faktoren sind auch nur »weich« messbar. Wenn die Gallup-Zahlen nur annähernd, nur so ungefähr stimmen, dann ist eins klar: Investitionen in die »emotionale Ökonomie«, die innere Bindung der Mitarbeiter an die Unternehmensziele und ihre Bereitschaft zum Engagement *lohnen* sich – nicht nur menschlich, sondern auch ökonomisch. Wenn Abteilungen, Projektteams oder ganze Unternehmenszweige nicht wie gewünscht »funktionieren« und kein offensichtlicher Grund dafür auszumachen ist, dann ist die Wahrscheinlichkeit sehr groß, dass emotionale Widerstände, welcher Art auch immer, dem Erfolg im Weg stehen.

Die Heldenfahrt als Gruppenreise sprengt verhärtete Strukturen auf, denn in der »positiven Krise«, durch die die Helden gehen, lösen sich starre, unbewegliche Gefüge auf. Führungskräfte, die vorher nie authentisch miteinander geredet haben, kommen ins Gespräch, begreifen die Aufgabe als eine gemeinsame, sie erkennen, dass viele ihrer Meinungen und Haltungen auf Vorurteilen basierten, und werden bereit, sich motiviert und engagiert einzubringen. Motivation, Engagement und nie für möglich gehaltene neue Kräfte sprießen dort, wo vorher Stillstand und Rückschritt herrschten. Aus Gegeneinanderarbeitern werden Zusammenarbeiter, aus Mitläufern Anführer.

Und natürlich kann auch passieren, was mit mir geschehen ist. Möglicherweise erkennt einer, der auf die Reise gegangen ist, dass er hier gar nicht (mehr) hingehört. Nicht lange nach der Landung flattert eine Kündigung auf den Schreibtisch des Personalbüros. Wir sollten begreifen, dass wir dann keinen Verlust zu beklagen haben. Was man »verliert«, ist jemand, der schon vorher wahrscheinlich »aktiv unengagiert« war. Der äußeren Kündigung ist längst die innere vorausgegangen. Aus einer latenten ist eine manifeste Wahrheit geworden. Wir gewinnen dagegen die Möglichkeit, den frei gewordenen Platz mit jemandem zu besetzen, der mehr als nur seinen frischen Wind hereinbringt … auf einmal löst sich der unsichtbare Knoten und die ganze Gruppe nimmt gemeinsam Fahrt auf, entwickelt einen unglaublichen »Flow«, der vorher hartnäckig ausgebremst wurde.

Die Reise beginnt im Alltag

Die soziologischen Beschreibungen des Begriffs »Alltag« haben einen gemeinsamen Grundgedanken: Alltag besteht aus routinemäßigen Abläufen. Jeden Tag, »alltäglich« also, gehen wir zur Arbeit, leben unsere Konsumgewohnheiten aus, haben Freizeit – und nicht zuletzt schlafen wir ungefähr zu den gleichen Zeiten. Jeden Tag wiederholt sich der fast immer gleiche Ablauf, und es gibt Zeiten, die sich häufen, je älter wir werden, da wir mit Verwunderung feststellen, dass schon wieder so viel Zeit vergangen ist. Wir haben das Gefühl, dass das Leben bei all dem Alltag an uns vorüberzieht. Wir alle aber beherrschen die *Kunst des Handelns*, wie es der französische Theologe Michel de Certeau nannte. Wir können nicht nur behandelt werden, sondern auch handeln und leben. Wir können die Routinen unseres Alltags verändern, ja unsere ganze Alltäglichkeit auf den Kopf (oder die Beine) stellen. In unseren tagtäglichen Routinen sind wir bis zu einem gewissen Maße unfrei, aber wir haben die Freiheit, uns aus diesem Kontext zu lösen, »Stopp!« zu sagen und die verstreichende Alltagszeit anzuhalten. Wir können über unseren Lebensweg bewusst entscheiden, aber dafür müssen wir einen Keil in dieses Räderwerk namens Alltag klemmen.

Im Alltag verliert sich die Zukunft

Dafür bedarf es eines Entschlusses: Wir müssen uns zuwenden wollen – uns *selbst* zuwenden wollen. Das heißt nichts anderes, als dass wir uns bewusst sein müssen, dass es diese Möglichkeit überhaupt gibt. Ohne das Wissen, dass wir unsere Zukunft selbst in die Hand nehmen und gestalten können, bleiben wir in unserem Alltagstrott verhaftet. Wir können nicht sehen, dass wir sehen können. Diese bewusste Situation herzustellen, kann das Helden-Coaching leisten. Die Helden in spe können durch Einzel- oder Team-Coaching aus ihren alltäglichen Fesseln schlüpfen und sich bewusst sich selbst zuwenden, um den Ruf, der in jedem schlummert, aufzuwecken und ihm Gehör zu verschaffen.

Oft genug, zu oft, passiert genau das nicht. Wir wissen dann nicht um unseren Ruf. Wir wissen nicht einmal, dass wir nicht wissen. Aber doch ist der Ruf da. Und immer wieder versucht er, sich vernehmlich zu machen. Er haut auf die Pauke, um zu sagen: »Hier bin ich, hör mir zu!« Immer noch können viele ihn nicht hören, nicht verstehen, was da eigentlich diesen Lärm erzeugt und was er zu bedeuten hat. Wenn der Körper unzufrieden ist mit dem privaten und / oder beruflichen Leben, zu dem er genötigt wird, dann sendet er uns mitunter kryptische Signale. Unsere Leistung ist es, sie zu entziffern und in unsere Sprache zu übersetzen. Eine hartnäckige Migräne, die wir drei, vier, fünf Jahrzehnte nicht kannten, die jetzt aber erst gekommen und dann nicht mehr gegangen ist, kann ein solches Signal sein. Ihr Körper ist ein kognitiver Resonanzkörper, der manchmal früher Bescheid weiß als Ihr Gehirn. Die Zeichen, Signale und Symptome können vielfältig sein. Es wäre besser, sie zu verstehen, als sie nur unterdrücken zu wollen. *Liebe dein Symptom wie dich selbst* heißt der Titel eines Werkes des slowenischen Philosophen Slavoj Žižek, und wir sollten diesen Imperativ beherzigen. Veränderungen, die sich körperlich, seelisch oder geistig ihren Weg suchen, sind nicht immer einfach auf das Konto der vergehenden Zeit zu buchen, sondern mitunter Symptome, die mit uns sprechen und verstanden werden wollen.

Hinter diesen Symptomen steht sehr häufig der ungehörte Ruf. Erinnern Sie sich an den Beginn der Harry-Potter-Saga? Harry bekommt irgendwann Post, zugestellt von einer Eule. Seine Zieheltern fangen den Brief ab. Der gleiche Brief kommt noch einmal ... und noch einmal ... und schließlich bricht eine wahre Flut des immergleichen Briefs über das Haus seiner Tante Petunia und ihres Mannes Vernon Dursley herein. Tausende und Abertausende identische Briefe – der Ruf Harry Potters nach Hogwarts, seine Berufung zum Zauberlehrling. Was in Literatur und Film sich in einem prägnanten Symbol verdichtet, ist in der Realität oft diffus und kaum entzifferbar. Wendet man sich den ungefähren Signalen aber bewusst zu und fokussiert sie, dann werden die Umrisse besser sichtbar und der Ruf irgendwann deutlich vernehmbar. Nehmen Sie ein Vergrößerungsglas, und schauen Sie genauer hin!

2. REFLEXION

WIE SIEHT ES IM MOMENT IN IHREM LEBEN AUS?

Betrachten Sie alle Bereiche, die für Sie relevant sind, unter einem Vergrößerungsglas: Familie und Freunde, Arbeit und Beruf, Gesundheit, Interessen und Freizeit, Sinn und Ziele, Finanzen, Ihre persönliche Entwicklung ...

Womit sind Sie im Augenblick zufrieden?

- Was ist gut und soll so bleiben? Was macht Sie glücklich? Wie sehr macht Ihnen Ihre Arbeit Freude? Immer, immer seltener oder immer öfter? Gibt es etwas in Ihrem Leben, wofür es sich aufzustehen lohnt?

Womit sind Sie zurzeit unzufrieden?

- Was sollte sich verändern? Was muss sich ändern? Was macht Sie unglücklich? Was frustriert Sie? Was würde sich in Ihrem Leben verändern, wenn Sie einen oder mehrere Aspekte ändern würden? Welche Vorteile würden sich ergeben? Welche Nachteile müssten Sie bedenken? Wenn Sie allen Mut der Welt hätten, was würden Sie sofort in Angriff nehmen? Welche Ecke in Ihrem Leben mögen Sie im Moment gar nicht gerne anschauen? Welche unangenehmen Dinge ignorieren Sie im Augenblick, obwohl es sich langfristig wahrscheinlich rächen wird?

Werten Sie die Antworten auf diese Fragenkomplexe aus:

- Wenn Sie alle interessanten Bereiche reflektiert, analysiert und angeschaut haben: Welcher Bereich braucht Ihre Aufmerksamkeit jetzt und vordringlich? Was ruft nach Beachtung?

- Was ist es, das da anklopft und mehr Raum in Ihrem Leben möchte? Was ruft nach Befreiung oder Akzeptanz?

- Welche Fantasien sind aufgestiegen? Welche verführerischen Vorstellungen von der (noch) besseren Zukunft sind vor Ihrem inneren Auge aufgetaucht? Was würde Ihr Leben reicher, lebendiger, erfüllter und glücklicher machen?

- Fassen Sie Ihre neu gewonnenen Erkenntnisse in nur einem Satz zusammen, und konzentrieren Sie sich auf diese Essenz. Sprechen Sie den Satz mehrmals laut aus, wenn Sie meinen, sich so besser fokussieren zu können. Beachten Sie die Empfindungen und Gefühle, die Sie damit verbinden. Wie reagiert Ihr Körper, wie Ihre Psyche, wie Ihr Geist darauf? Welche Stimmen melden sich zu Wort und was sagen sie?

»Schöner Scheitern«

Beate, eine Coachee von mir, zog auf diese Weise ihre Bilanz. Sie war zu mir gekommen, weil sich in ihr der allgemeine Wunsch nach Veränderung regte. Wo der Schuh drückte und wie schlimm, hatte sie nicht recht artikulieren können. Ein Arzt hätte möglicherweise von einer »diffusen Diagnose« gesprochen und sie nach Hause geschickt. Dass mehr dahinter steckte, war aber unübersehbar. Als sie bereit war, sich selbst unters Vergrößerungsglas zu begeben und einmal genauer hinzusehen, kam die ganze Wahrheit – und das gesamte Ausmaß des Unleugbaren – zum Vorschein. Beate sezierte schonungslos jeden einzelnen Lebensbereich und kam überall zum gleichen Ergebnis: Sie empfand ihr ganzes Leben als einzige Katastrophe. Auf jedem einzelnen Sektor war irgendwie alles schiefgelaufen. Beruflich fühlte sie nur Ödnis, war weit weg von irgendeiner Form der Identifikation mit der Arbeit; viele ihrer Freunde hatte sie verloren, zurückgeblieben waren die falschen; ihre freie Zeit war leer und unerfüllt, nur noch dunkel konnte sie sich an die lustigen Zeiten ihres Lebens erinnern; von persönlicher Entwicklung konnte, so hart es klingt, keine Rede sein, nicht einmal von Stagnation, sondern vielmehr von Regression; im Bodensatz ihrer Existenz erkannte Beate, dass Sinn und Glück für sie schon lange nur noch Worthülsen waren.

Beates Schonungslosigkeit gegenüber sich selbst hat mich überrascht. Lange hatte sie ihre Sicht der Dinge eingefärbt und sich so zurechtgelegt, dass die Fassade aufrechterhalten werden konnte. Aber jetzt brachen alle Dämme. All die Schutzmechanismen, die das Lügengebäude über dem Abgrund stabil gehalten hatten, versagten plötzlich ihren Dienst und kein Stein blieb auf dem anderen. Beate hatte Tabula rasa gemacht und damit schon den Grundstein für einen Neuanfang gelegt.

In der Folgezeit zog sich Beate aber mehr und mehr zurück – von mir, ihrer Umwelt und sich selbst. Die Mauer des Schweigens, die sie erfolgreich zum Zusammensturz gebracht hatte, begann sie mühsam zu renovieren. Der Élan vital, der sie kurz und heftig ergriffen hatte, wich wieder aus ihrem Gesicht, ihrer

Miene und ihren Bewegungen. Sie sah mich »grau« an und verwehrte mir den Blick hinter die Fassade. Irgendwann ließ sie sich dann gar nicht mehr blicken. Offenbar hatte sie sich dazu entschieden, das Leben und die Alltagsroutinen weiterzuführen, die sie unglücklich gemacht hatten. Sie brachte den Mut nicht auf, der angefangenen Inventur Taten folgen zu lassen. Die Angst vor den weitreichenden Folgen der Veränderung war zu groß.

Wenn Sie sich verändern wollen, ändern Sie Ihre Perspektive

Wir meiden Veränderungen, Umbrüche, Lebensumbrüche in unserem Leben, manchmal sogar wie die Pest. Wir wollen unsere eingefahrenen Denkweisen einfach nicht revidieren. Selbst wenn alle Hinweise, alle äußeren und inneren Stimmen, auf Veränderungen hindeuten, halten wir an dem Alten fest und wollen nicht wahrhaben, was wirklich mit uns passiert.

In unseren Köpfen sind diese Umbrüche mit der Vorstellung des Scheiterns assoziiert, und Scheitern ist etwas, das als unakzeptabel und folglich zu vermeiden gilt. Im geheimen Bauplan unseres Lebens kommt diese Möglichkeit nicht vor, deswegen wird das Scheitern eifrig verdrängt. Das darf eben einfach nicht sein. Die offensichtliche Niederlage ist etwas, was um jeden Preis vermieden werden muss. Viele gehen davon aus, dass sich unser Leben wie selbstverständlich von einem Höhepunkt zum anderen bewegen wird. Wenn sich diese Vorstellung als Illusion entpuppt, sind Heulen und Zähneklappern groß, Panik greift um sich und guter Rat ist plötzlich teuer, wenn nicht unerschwinglich.

Scheitern als Chance, sich selbst neu zu erfinden

Leben heißt Entwicklung, Stillstand ist Rückschritt, und Rückschritt bedeutet den Tod. Wir sollten uns von dieser Litanei lösen und akzeptieren, dass zu allen Entwicklungsprozessen auch Fehlschläge gehören. Entscheidend für unseren Lebenserfolg und unser Glück ist es, wie wir damit umzugehen lernen. In krisenhaften Situationen zeigt sich, wo die Baustellen in unserem Leben sind. Diese Misserfolge, Brüche, Fehlschläge sind es, an denen wir wachsen und gedeihen können. Unsere Fähigkeit, umdenken und umdeuten zu können, um uns neu zu erfinden, steht dann auf dem Prüfstand. Also, ändern Sie Ihre Perspektive! Wenn Sie auf Ihre Misserfolge schauen, entdecken Sie die positiven Seiten daran. Nutzen Sie gerade diese Herausforderungen als wichtige Ratgeber, und lernen Sie, wie der Publizist Matthias Horx uns auffordert, »schöner zu scheitern«.

Veränderungsimpulse

Mitten in unseren Alltag platzen von Zeit zu Zeit Veränderungsimpulse. Sie kommen von außen oder wir sind selbst der Absender. Ob wir aber auch der Empfänger sind, ob sie uns auch erreichen, steht auf einem anderen Blatt. Beate, deren Geschichte ich grob umriss, wollte offenbar nicht, dass die Signale ihre Wirkung entfalten können. Was aus ihr geworden ist, weiß ich nicht. Sie hat sich nie wieder gemeldet. Über die berühmten paar Ecken habe ich gehört, dass sie es sich in Stillstand und Rückschritt bequem gemacht hat. Aber, wie gesagt, das weiß ich nur vom Hörensagen. Ganz bestimmt und mit großer Gewissheit aber weiß ich, dass, wer seine Impulse verpasst, die Rechnung präsentiert bekommt.

Träume wollen gelebt werden, sonst bleiben sie ein Traum

Nichts könnte das besser belegen als die Geschichten von Armin und Volker. Armin stammt aus einem kleinen Dorf im Schwarzwald, wo die Einwohnerzahlen seit Jahrzehnten zurückgehen. Seine Eltern haben dort seit Ewigkeiten einen kleinen Sanitärhandel, der früher gut lief, doch wegen der rückläufigen Bevölkerung und der übermächtigen Konkurrenz der Mega-Baumärkte längst zum dauerhaften Minusgeschäft geworden ist. Als Armin jung war, hatte er große Träume. Er wollte in die Welt hinausziehen, er wollte aus der provinziellen Enge fliehen, er wollte Pilot werden und den Globus umrunden. Aber es blieb bei Träumen. Das Dorf und das Haus der Eltern hat er nie verlassen. Er führte den Betrieb der Eltern weiter, obwohl ihm eigentlich immer klar war, dass das Geschäft irgendwann seinen Ruin bedeuten würde. Statt seine Träume zu realisieren, hat er sich eine Spielekonsole angeschafft – sein Lieblingsspiel: ein Flugsimulator. Es gibt nichts Traurigeres, als verpasste Impulse und erloschene Träume …

Von MTV auf die Alm

In Bayrischzell zwischen dem Schliersee und der Grenze zu Österreich liegt malerisch die Jugendherberge Sudelfeld. »Natur pur wie bei Heidi auf der Alm«, heißt es auf der Internetpräsenz des 1200 Meter hoch gelegenen Berghauses. Herbergsmutter ist Angie Sebrich, gewesene Kommunikationschefin bei MTV. Seit diesem spektakulären »Karriererückschritt« geistert sie durch die Presse als das deutsche Paradebeispiel für »Downshifting«. Das sagt sich leicht und hört sich gut an, stimmt aber nicht ganz. Downshifting, das heißt herunterschalten oder kürzertreten, weniger arbeiten und mehr leben. Was Angie Sebrich an den Hängen der bayrischen Alpen gefunden hat, lässt sich aber nicht auf diese Formel bringen, wohl aber auf eine ähnliche: immer noch viel arbeiten, aber unvergleichlich mehr leben.

Zwischen roten Teppichen, glühenden Telefonen, Partys en masse und regelmäßigen Jetlags spielte sich das Leben der gelernten Betriebswirtin ab, die über den Posten als PR-Chefin von Antenne Bayern zu MTV gekommen war. Schnell stellten sich Zweifel an diesem Leben ein, aber das Rennen auf der Erfolgsspur ist so schnell, dass keine Zeit zum Luftholen und Nachdenken bleibt. Es ist, wie so oft: Der Zufall brachte sie dazu, in sich zu kehren und der inneren Stimme zuzuhören, über Lebenspläne, Perspektiven und Träume nachzudenken. Im gemeinsamen Urlaub mit ihrem Mann lernte sie zwei Jugendherbergsmitarbeiter kennen, die erzählten, dass der 100-Betten-Betrieb in Bayrischzell verwaist sei. Ihre innere Stimme hatte sie gehört, die Idee war gefunden, und zurück im PR-Alltag zogen die Ketten und die Zukunftsaussicht unaufhörlich an ihr.

Schnell kristallisierte sich heraus, dass jetzt die Zeit gekommen war, etwas Neues zu wagen. Sie druckte eine Infoseite über die zur Disposition stehende Herberge aus, malte ein großes Herz um das Bild des Hofs, legte das Ganze auf den Schreibtisch ihrer Chefin und sagte entschlossen: »Das will ich machen!«

Sie folgte ihrem Ruf und verließ gegen alle Widerstände die breite Erfolgsspur. Sie verdient nun ein Drittel dessen, was sie beim Glamour-Sender bekam, aber sie ist mit Herzblut bei der Sache und bereit, ein neues Leben zu führen – ein Leben, dem sie mehr Sinn abgewinnt, mehr Lebensqualität und Freiheit. Sie führt nun ein selbstbestimmtes Leben, in dem auch die Arbeit eine »Seele« hat. Sie kann Leben, Familie und Arbeit optimal verbinden. Aber sie führt kein Leben wie im Heimatfilm. Trotz des wunderschönen Blicks auf den Wendelstein und Sonnenuntergängen vor Alpenpanorama: Es ist alles andere als ein sorgenloser Dauerurlaub, denn die Bewirtschaftung der Jugendherberge bringt viel Arbeit mit sich. Nicht Downshifting, sondern ein nach wie vor arbeitsreiches, aber eben weniger stressiges, fremdbestimmtes Leben ist es, das sie nun führt. Sie hat ihren gewaltigen Schritt bis heute nicht bereut und ist ein lebendiges Beispiel für den ersten und wichtigsten Imperativ der Heldenreise: »Hört auf die innere Stimme!«

Volkers Situation war seit jeher eine andere. Er ist ein Kind der Stadt – und ein ganz anderer Charakter. Ich kenne ihn, genau wie Armin, nur sehr flüchtig (und beide waren auch nie Coachees von mir), und ich hatte nie mitbekommen, dass auch er immer vom Beruf des Piloten geträumt hatte. Er hatte in sehr jungen Jahren mit geliehenem Geld ein Restaurant mit Kneipe gekauft, war also schon damals ein Risiko eingegangen und hatte etwas daraus gemacht. Um es salopp zu sagen: Der Laden brummte ohne Ende, war immer rappelvoll und zwar jahrein, jahraus, ohne Unterlass. Aber plötzlich verkaufte Volker seinen Laden – auf dem Höhepunkt seines geschäftlichen Erfolgs. Kaum jemand konnte das damals verstehen. Aber dahinter steckte ein guter, ein sehr guter Plan. Den üppigen Erlös reinvestierte Volker in eine teure Pilotenausbildung. Es lief nicht alles reibungslos: Weil er in seiner Probezeit eine ziemlich harte Landung hinlegte, gestaltete sich sein Weg zur ersten festen Anstellung etwas zäh, aber er blieb hartnäckig am Ball. Er flog zeitweise klapprige Frachtmaschinen auf abgelegenen Routen – aber er kam zu Hause ohne Flugsimulator aus. Sein Weg war steinig, aber er ließ sich nicht von seinem Traum abbringen, einen Beruf über den Wolken auszuüben. Schon seit Jahren ist er dort angelangt, wo er hinwollte – auf dem Pilotensessel einer großen Airline.

Ich bin fest davon überzeugt, dass wir alle Träume haben, dass wir alle von Impulsen belagert werden. Aber wir müssen bereit sein, sie zu empfangen, sie hineinzulassen, ihnen den Raum zu geben, damit sie sich entfalten können. In unserem Alltag können wir oft nur »Kurz- oder Mittelwelle« empfangen, für »Langwelle« fehlt uns die Antenne. Die langwelligen Impulse gehen im Getöse der alltäglichen Notwendigkeiten und Zwänge unter. Wir sind darauf geeicht, nur zu reagieren, dabei *können* wir alle agieren. Aber das ist nicht einfach. Die richtige Wellenlänge und den richtigen Sender zu finden, bedarf einiger Anstrengung und Umgewöhnung. Aber es lohnt sich. Denn wenn wir es verpassen, diese Aufgabe anzugehen, dann ist es für diesen oder jenen Traum irgendwann vielleicht wirklich zu spät – und wir sterben, ohne je wirklich gelebt zu haben.

Wem es gelingt, einen Traum zu verwirklichen, lebt in diesem Moment wahrhaftig

3. Das Abenteuer lockt – können Sie den Ruf hören?

Ein Wispern, ein Flüstern – ein Ruf, ein Schrei

2008 wurde die Welt von einem markerschütternden Schrei aus ihren Zukunftsträumen gerissen. Von einem Ruf, der ein Notruf war. Der erst gehört wurde, als es längst zu spät war. Die größte aller Krisen seit dem Schwarzen Freitag am 25. Oktober 1929 brachte die Welt an den Rand des finanziellen und wirtschaftlichen Kollapses, tragende Säulen des globalen Finanzsystems und der Volkswirtschaften mussten nach der Insolvenz von Lehman Brothers Inc., einer »systemrelevanten« Investmentbank, durch staatliche Bürgschaften und gigantische Geldsummen vor dem Zusammenbruch gerettet werden.

Nützlich wäre es, den Ruf zu hören, bevor es zu spät ist

Sowohl die Akteure der globalen Wirtschaft als auch regional wirtschaftende Firmen täten gut daran, aus der Katastrophe zu lernen. Nützlich wäre es, den Ruf zu hören, bevor es zu spät ist. Und nicht anders steht es mit uns als Einzelnen, die wir sowohl arbeitende Wesen sind, eingebunden in die verschiedenen Wirtschaftskreisläufe, als auch Privatpersonen auf der Suche nach Glück und Erfüllung.

Im Folgenden möchte ich Sie für akustische Signale sensibilisieren, die längst nicht immer – und erst recht nicht von Anfang an – die Lautstärke eines Rufs haben müssen. Die Übergänge sind fließend: Langsam wird der Ton lauter, und es wäre besser, den Ruf zu hören, bevor die Alarmglocken schrillen, bevor aus dem Ruf ein Notruf geworden ist. Manchmal klappen wir die Ohren zu, um nicht hören zu müssen, denn bis jetzt ist ja alles gut gegangen – warum dann also etwas ändern? Wenn aus Hörorganen allerdings akustische Scheuklappen werden, wenn sie dicht machen und sich alles taub anfühlt, dann könnte es für einfache Lösungen bereits zu spät sein.

Lernen wir an einigen Beispielen, besser zu hören.

Verpasstes Leben

In seinem unterhaltsamen und äußerst lesenswerten Buch *So geht's dir gut* zitiert Andrew Matthews einen 85-jährigen Mann, der die Bilanz seines Lebens zieht:

»Wenn ich mein Leben noch einmal leben könnte, würde ich versuchen, das nächste Mal mehr Fehler zu machen. Ich wäre nicht so perfekt, würde die Dinge leichter nehmen und lockerer leben. Ich würde mehr Dummheiten machen als auf dieser Reise. Tatsächlich gibt es nur weniges, was ich wirklich ernst nehmen würde. Ich wäre viel verrückter und weniger hygienisch. Ich würde mehr riskieren und mehr reisen. Ich würde mehr Berge ersteigen und in mehr Flüssen schwimmen, mehr Orte besuchen, an denen ich nie gewesen bin. Ich würde mehr Eis essen und weniger Bohnen. Ich würde mehr in tatsächliche Schwierigkeiten geraten und weniger eingebildete Probleme haben!

Sehen Sie, ich war einer von denen, die vorbeugend leben und immer vernünftig sind und Stunde um Stunde, Tag für Tag normal. Es gab schon besondere Augenblicke, und wenn ich es noch einmal tun könnte, hätte ich mehr solcher Augenblicke – einen nach dem anderen. Ich war einer von denen, die immer mit Thermometer, Wärmflasche, Gurgelwasser, Regenmantel und Fallschirm reisten.

Wenn ich es noch einmal zu tun hätte, würde ich das nächste Mal leichter reisen. Wenn ich es noch einmal zu tun hätte, würde ich im Frühjahr früher barfuß gehen und im Herbst länger draußen bleiben. Ich würde mehr Karussell fahren, mehr

Sonnenaufgänge beobachten, mehr mit Kindern spielen, wenn ich mein Leben noch einmal leben könnte. Aber sehen Sie, das kann ich eben nicht.« (Andrew Matthews, *So geht's dir gut,* 2007, S. 51)

Dieser Mann erkennt, dass das Leben an ihm vorbeigezogen ist, ohne dass er es genutzt hätte. Insgeheim hat er immer gewusst, was er wirklich wollte. Aber er hat alle Gelegenheiten verstreichen lassen, es mutig umzusetzen. Tausend Abzweigungen vom ausgetrampelten Pfad – keine hat er mit Neugierde oder lustvoll ausprobiert. Immer hat er die Pflichten, Notwendigkeiten und Zwänge des Lebens in den Vordergrund gestellt, seine Wünsche, sein Begehren, seine Sehnsüchte in den Hintergrund gedrängt. Zu viel Hygiene, zu wenig Verrücktheit. Zu viel Müssen, zu wenig Wollen. Die Menschen, die so leben, wollen oder können den Ruf nicht hören. Zu leise ist die innere Stimme, zu laut die äußeren. Der US-amerikanische Soziologe David Riesman hat schon in den 50er-Jahren in seiner bahnbrechenden Studie *Die einsame Masse* darauf aufmerksam gemacht: In der modernen Massengesellschaft verkümmert unsere »Innenorientierung«, die »Außenlenkung« dagegen wird immer stärker. Was wir unseren »Individualismus« nennen, das sind oftmals nur vorgestanzte Muster, denen wir blind folgen. Oder besser: taub, denn wir haben verlernt, in einem leisen Wispern, einem Flüstern den Ruf zu hören. Erst wenn das Geräusch zum Schrei angeschwollen ist, können wir nicht mehr daran vorbeihören – aber was können wir dann noch tun?

3. REFLEXION

LERNEN, DEN RUF ZU HÖREN

Damit es Ihnen nicht genauso ergeht und Sie Ihr Leben nicht verpassen, steht die Reflexion in diesem Kapitel am Anfang. In dieser Reflexion geht es darum, Kontakt zum eigenen Ruf aufzunehmen, zu lernen, ihn überhaupt zu hören. Dafür sind mindestens zwei Schritte zu machen. Erstens sollten Sie sich darüber klarwerden, was Helden für Sie bedeuten, wieso sie überhaupt zu Helden wurden:

- Wer waren früher Ihre Helden – und wie sieht es heute aus?
- Wen haben Sie in Ihrer Kindheit bewundert und bestaunt – vielleicht waren es reale Personen, vielleicht aber auch Figuren aus Märchen, Romanen oder Filmen?
- Wem wollten Sie nacheifern?
- Wen bewundern Sie heute?
- Und für was haben Sie, ob gestern oder heute, Ihre Helden bewundert?
- Was ist es, was Sie an diesen Menschen, Gestalten oder Figuren fasziniert?

Wenn Sie Lust haben, notieren Sie sich die Assoziationen, die Ihnen zu Ihren Helden einfallen.

Im zweiten Schritt geht es darum, dass Sie selbst die Rolle des Helden annehmen. Sie lernen, dass Sie selbst es sind, der diese Rolle am besten ausfüllen kann. Sie allein sind der Held Ihres Lebens:

- Welche Impulse sind es, die Sie wahrnehmen? Welches Abenteuer lockt Sie schon seit Längerem?
- Was könnte das Ziel Ihrer Abenteuerreise sein? Welche Fähigkeit oder Fertigkeit gäbe es zu gewinnen?
- Würde es sich lohnen, dafür aufzubrechen, wäre das Ziel attraktiv?
- Wer wären Sie, wenn Sie von Ihrer Reise heimkehrten?
- Was würden Sie dann können, wie würden Sie handeln?
- Was wäre dann für Sie wichtig?
- Wie würde sich Ihr Leben damit verändern?

Alles Zufall? Alles Zufall!

Schauen wir das Beispiel eines Coachees von mir an. Sabine vernahm den Ruf zwar, konnte ihn aber nicht einordnen und verstehen. Auf ihrem Weg zur Arbeit kam sie jeden Tag an einem Reisebüro vorbei. Und jeden Tag wieder stockte ihr kurz der Atem, das Herz fing an, schneller zu schlagen, ja, ihr wurde sogar leicht schwindelig, wenn ihr Blick das Schaufenster traf. Dort hing ein atemberaubendes Plakat vom Ayers Rock, dem mächtigen roten Felsen. Das Wahrzeichen Australiens zog Sabine in seinen Bann. Magisch fühlte sie sich von diesem Stein angezogen, obwohl sie bisher weder für Fernreisen noch für Australien etwas übrig gehabt hatte. Weder hatte sie irgendeine Beziehung zu diesem fernen Kontinent, noch sich je für Midnight Oil oder die Aborigines interessiert, erst recht wusste sie nichts über die kultische Bedeutung von Ayers Rock für die Ureinwohner des Landes. Australien – das war einfach nur weit weg, zu weit, um sich darüber Gedanken zu machen. Und gerade deshalb kam ihr ihre Reaktion auf das Plakat doppelt komisch vor. Was sollte das alles nur?

Die Frage, die Sabine sich schon mehrfach gestellt hatte, blieb unbeantwortet. Stattdessen passierten weitere unvorhergesehene Dinge. Auf einer Geburtstagsfeier traf sie einen alten Freund, den sie schon seit Ewigkeiten nicht mehr gesehen hatte. Prompt schwärmte er von seiner ausgedehnten Australienreise. Gerade erst war er zurückgekehrt, seine Eindrücke noch frisch. Erstaunt registrierte Sabine, wie sie ihm fasziniert an den Lippen hing und gar nicht genug über seine Reise erfahren konnte. Kurz darauf stolperte sie in einer Buchhandlung über einen Stapel Bücher zum Thema Australien – Geschichte, Kultur, Küche und dergleichen mehr. Jetzt gab es kein Zurück mehr. Sabine packte gleich den ganzen Stapel ein, las jeden Reisebericht, unzählige Romane und einfach alles, was sie über Australien finden konnte.

Was ist Zufall?

Alles Zufall? Gewiss, das Gegenteil ist kaum zu beweisen. Aber ich stelle mir doch eine wichtige Frage: *Was lenkt unsere Aufmerksamkeit?* Vor dem Reisebüro, auf der Geburtstagsfeier, im Buchhandel – wie kam es, dass Sabine, die früher nie mit Australien in Berührung gekommen war, plötzlich nicht mehr an Down Under vorbeikam? Woher kommen die geheimnisvollen Impulse? Wie wird unser Fokus gelenkt? Wie werden wir irritiert, fasziniert und damit aufmerksam? Und was hat es zu bedeuten, dass selbst der Körper, wie im Fall von Sabine, sehr eigenmächtig reagiert?

Oder, um die Sache noch einmal anders zu wenden: Was ist Zufall? Gibt es das, was wir Zufall nennen, wenn wir keine kausale, rationale Erklärung finden, überhaupt? Oder ist Zufall unsere Unfähigkeit, den Grund erkennen zu können?

Zufall ist, wenn jemandem etwas zufällt

Ich möchte Ihnen meine Definition des Zufalls anbieten. Betrachtet man das Wort genauer, dann kommt man darauf, dass im gesetzten Fall jemandem etwas »zufällt«. Dieses Etwas fällt uns vor die Füße, es macht aufdringlich darauf aufmerksam, dass es da ist. »Hier liege ich, direkt vor dir, nimm mich auf!« Wir werden gelockt, es wird um unsere Aufmerksamkeit gebuhlt, etwas ist uns zugefallen oder, mit noch einmal anderen Worten: Wir werden gerufen. Und der Ruf, dieser Impuls, diese Stimme, lockt uns, vielleicht ganz leise, vorsichtig und schüchtern, beginnt mit uns zu sprechen. Er lockt uns, er will uns verführen, die kartografierten Wege zu verlassen: »Komm hier entlang, das Leben wartet. Komm mit, es gibt etwas Neues zu entdecken.«

Beachtung bringt Verstärkung

Unsere Wahrnehmung ist selektiv. Würden wir alle Signale der äußeren Welt in Sinneswahrnehmungen transformieren, dann würden wir überschwemmt und so viel sehen, hören und riechen, dass wir gar nichts mehr sehen, hören und riechen könnten. Wir können nicht alles gleichzeitig aufnehmen, sondern haben hoch effiziente Wahrnehmungsfilter, die dieses zulassen, jenes nicht, die hier einen Unterschied registrieren, dort nicht, die jenes in Information umsetzen, dieses aber ignorieren. Unser Bewusstsein wird so entlastet. Manches kommt nicht durch die Tür, bleibt vor-, un- oder unterbewusst, dringt nicht in die Kreise unserer Aufmerksamkeit, fließt unter gewissen Schwellen unseres wachen Erlebens durch – und unbehelligt weiter.

Ständig filtern unsere Sinnesraster – es sind also die »Voreinstellungen« unserer selektiven Wahrnehmung, die maßgeblich über unser Erleben entscheiden. Was und wie wir das Leben und die Welt erleben, ist nur zum Teil davon abhängig, was »wirklich« ist, es resultiert vielmehr aus uns selbst. Während wir aber nur bedingt bestimmen können, was da draußen – in der Welt – passiert, haben wir über unsere Wahrnehmungen und ihren Weg ins Bewusstsein ungleich mehr Verfügungsgewalt. Selektion, Fokussierung und Aufmerksamkeit – das alles sind von uns beeinflussbare Parameter, die wir sowohl in quantitativer als auch in qualitativer Hinsicht verändern können.

Ganz sicher haben auch schon vorher Freunde auf Feiern im netten Beisammensein von ihren Reisen, beispielsweise nach Australien, geschwärmt, und die Bücher lagen möglicherweise ein paar Wochen vorher auch schon genau da, wo Sabine sie schließlich entdeckt hat. Und das Reisebüro hat nicht erst seit vorgestern den Schwerpunkt Down Under, sondern sich schon vor Jahren auf Fernreisen spezialisiert, weswegen Australien das Schaufenster immer wieder mal schmückt.

Wer bereit ist für Veränderungen, wird Zufälle wahrnehmen

Alles Zufall? Alles Zufall! Es ist Sabine zugefallen, weil sie selbst im Begriff war, sich zu verändern. Ihre Wahrnehmungsfilter veränderten sich, und sie bemerkte nun anderes; Informationen, die vorher nicht in ihr bewusstes Erleben vorgedrungen waren, bahnten sich den Weg. Man könnte das »Entwicklungssignale« nennen. Das sind keine Signale, die uns von einer »Entwicklung« in der Außenwelt berichten, sondern davon zeugen, dass sich in unserer Innenwelt etwas verändert … oder zu verändern beginnt … oder verändern will.

Das können ungefähre Impulse sein, formlose Regungen dessen, was wir im Nachhinein gerne Intuition nennen. Es ist, als wäre unsere Seele schwanger und wir würden die Puffe, Kniffe und Bewegungen dessen, was sich da ankündigt und nach mehr Platz verlangt, wahrnehmen, aber nicht verstehen können. Gerne würden wir den nächsten Schritt in die richtige und vielleicht in eine neue Richtung gehen, nur dass uns eben das klare Wissen fehlt, wo es lang- und wie es weitergehen soll.

Genau darum geht es, darum zu lernen, den vagen Impulsen zu vertrauen und den nächsten Schritt zu gehen, dem natürlich in uns angelegten Drang nach Entwicklung zu folgen. Joseph Campbell nennt so etwas »Rufe«. Er beschreibt in seinen Forschungen zu den Heldenmythen den Ruf als eine aufkeimende Entwicklungsabsicht, der wir uns zuwenden und die wir besser verstehen sollten.

Der Ruf ist eine aufkeimende Entwicklungsabsicht

Sabine wurde während unserer Coaching-Sitzungen bereit dazu. Sie lernte, ihrem »Australien-Symptom« intensiv in die Augen zu schauen. Ihr wurde deutlich, dass sich darin ihr neu erwachtes Bedürfnis nach Weite und Freiheit ausdrückte, denn das waren die Qualitäten, die sie mit Australien verband. Sie wollte raus, raus aus allem, was sie beengte, raus aus ihrer Beziehung, raus aus ihrem Job, raus aus der Kleinstadt, in der sie seit ihrer Kindheit lebte. Sie wollte endlich frei sein und ihr Leben beginnen. Nach einigen Sitzungen konnte sie völlig klar und deutlich sehen und sich eingestehen, wie einengend sie ihre aktuelle Lebenssituation seit geraumer Zeit empfunden hatte. Schritt für Schritt fing sie an, ihr Leben zu verändern. – Nach Australien ist sie übrigens wirklich gefahren, aber das ist eine andere Geschichte.

Körperliche Zweifel

Ein völlig anderer und doch irgendwie ähnlicher Fall war Thomas. Auf den ersten Blick wirkte alles ganz prima. Er hatte drei Jahre als Produktmanager in einem großen Konzern gearbeitet und stieß per Zufall – wieder so ein »Zufall« – auf eine Anzeige in der F.A.Z.: »Marketingleiter für ein erfolgreiches mittelständisches Unternehmen in Nordbayern gesucht.« Alles passte, das ausgeschriebene Profil, die Konditionen und auch die Gespräche verliefen prächtig. Er bekam den Zuschlag und hatte sich damit gegen 90 Mitbewerber durchgesetzt. Sein Ego fühlte sich geschmeichelt: Es hatte sich endlich gelohnt, so viel und so hart zu arbeiten. Seine zusätzlichen Weiterbildungen, speziell der Master of Business Administration (MBA), waren in den Bewerbungsgesprächen stichhaltige Trümpfe. Thomas war überglücklich und hätte nach der Zusage vor Freude in die Luft springen und die ganze Welt umarmen können. Genau der Job, von dem er immer geträumt hatte … Bei einem guten Essen wollte er seiner Freundin die frohe Botschaft mitteilen und mit ihr seinen neuen Job feiern. Aber irgendwie hatte sich das euphorische Gefühl, das er direkt nach dem Gespräch empfunden hatte, verflüchtigt und wollte sich nicht wieder einstellen. Er hatte sich so darauf gefreut, ihr von seinem großen Wurf zu erzählen, und sich ausgemalt, wie sie wohl reagieren würde. Aber seit Tagen quälte ihn ein merkwürdiges Unbehagen, das er nicht einordnen und nicht loswerden konnte.

Irritationen sind Teil der Reise

Jedes Mal, wenn er an seine Zukunft dachte, beschlichen ihn Zweifel – erst leise, dann immer lauter. Ganz subtil machte diese unerklärliche Unsicherheit sich breit, zunächst kaum hörbar, schließlich ganz und gar unüberhörbar. »Was ist nur los?«, fragte er sich. Das Ganze war unerklärlich, er wusste es nicht in Worte zu fassen. Irgendetwas tief in ihm protestierte dagegen, erst vorsichtig, dann immer deutlicher und fordernder. Er kämpfte dagegen an, ging seine Entscheidung noch mal mit allem Für und Wider durch und erhielt immer wieder die Bestätigung, dass die neue Tätigkeit genau der richtige Karriereschritt für ihn sei. Und dennoch … Die Zweifel nagten weiter, und er entschloss sich, Hilfe zu holen. »Was soll ich nur tun?«, wollte er in einem Coaching klären. »Irgendetwas in mir sträubt sich und sagt deutlich: Tu es nicht! Dabei ist es doch meine Traumstelle. Aber wenn ich nur daran denke, wirklich nach Bayern ziehen zu müssen, verkrampft sich alles«, sagte Thomas.

In einem intensiven Prozess klärte Thomas für sich, was der wirklich stimmige Schritt in seinem Leben wäre. Er fand für sich heraus, dass das vordergründig Reizvolle den Preis, den er dafür zahlen müsste, nicht wert war, nämlich aus seinem sozialen Netzwerk auszusteigen und sich andernorts alles neu aufbauen zu müssen. Zudem befremdete ihn die neue Branche, die Verantwortung für sechs Mitarbeiter und gleichzeitig Mitglied der Geschäftsleitung zu sein. Dazu noch die 600 Kilometer, die ihn von seiner Lebensgefährtin trennen würden. Am Ende fiel seine Entscheidung gegen den Wechsel. Er sagte die Stelle, sehr zur

Irritation des Personalleiters, ab. Ein Jahr später fand er schließlich eine ähnlich reizvolle Aufgabe – ganz in der Nähe und diesmal ohne Bedenken.

Unverstandene Impulse

Ein letzter Fall: Ruth, schon lange erfolgreich im Personalbereich eines Chemieunternehmens tätig, klagte schon seit einiger Zeit über eine Migräne, die sich irgendwann in ihrem Kopf eingenistet hatte und einfach nicht mehr gehen wollte. Nach einer Odyssee von Arzt zu Arzt, nach etlichen Versuchen, die Schmerzen mit Yoga und anderen Entspannungstechniken zu vertreiben, war sie schließlich bei mir gelandet. Ohne konkrete Idee, wie es weitergehen würde, saß sie nun vor mir. »Ich würde so gerne wieder fröhlich und locker sein, hätte gerne wieder Ruhe in meinem Kopf«, fing sie schüchtern an.

Ich fragte mich sofort: Was genau will ihr Körper ihr signalisieren? In ihrem Leben war aus ihrer Sicht alles in Ordnung. Der Job machte Spaß, jedenfalls meistens, die Kollegen waren nett. Sicher, es gab viel Routine, aber sie brauchte diese täglichen Herausforderungen auch nicht mehr, wie sie erläuterte. Eigentlich fand sie es ganz schön, dass ihr Leben seit geraumer Zeit in ruhigem Fahrwasser verlief. Auch in der Beziehung stimmte es, und sie hatten sich zusammen gerade eine Wohnung gekauft.

Und doch war da diese Krankheit in ihrem Kopf, die keine Ruhe geben wollte. Sie wurde sie los, indem sie die Bereitschaft entwickelte, sie zu verstehen – und folglich begann, ihre eigenen Bedürfnisse zu erkennen. Des Rätsels Lösung hieß in ihrem Fall »Entwicklung« und damit »Veränderung«. Das, was sich in ihrem Kopf schmerzhaft meldete, war der tiefe Wunsch nach neuen Herausforderungen. Vordergründig war es für Ruth attraktiv, in ruhigen Bahnen zu leben. Jedoch tief in ihr gab es den Antrieb, weiterzukommen und Neues zu entdecken. Sie lernte, ihre Impulse zu verstehen und ihnen zu vertrauen, bevor die körperlichen Symptome noch schlimmer wurden.

»Alles Unbewusste will Ereignis werden.«

Sabine, Thomas, Ruth – sie verbindet, dass sie einen inneren Impuls fühlten bzw. schmerzhaft empfanden, den sie nicht verstanden. Einen Impuls, der eine Wandlung forderte, oder, im Fall von Thomas, sich gegen eine Entscheidung sträubte. Der private und berufliche Weg war bei allen dreien – oberflächlich betrachtet – der richtige, aber unter der Oberfläche rumorte es gewaltig und die innere Unruhe äußerte sich in psychosomatischen Symptomen. Jeweils galt es, den Ruf zu verstehen und die geeigneten Konsequenzen zu ziehen. »Alles Unbewusste will Ereignis werden«, schreibt der Psychologe Carl Gustav Jung. Die drei Coachees haben diesen Drang des Unbewussten verspürt. Und als er ihnen zu Bewusstsein kam, konnten sich ihre Wünsche realisieren und Ereignis werden.

In unser aller Leben erschallt der Ruf nicht nur einmal, sondern zyklisch und fordert von uns Entwicklung. Der Ruf ertönt meist dann, wenn wir uns so richtig gemütlich eingerichtet haben, wenn wir Veränderungen als belastend oder sogar bedrohend empfinden. Er zeigt an, dass wir unsere eigene »Evolution« vernachlässigt haben, und will, dass wir das Versäumte durch »Revolution« ein- und nachholen. Er unterwandert unser Sicherheitsstreben und -denken, er schüttelt und rüttelt uns wach. Alles kommt nun darauf an, den Ruf nicht als Teil des Problems, sondern als Anstoß zur Lösung wahrzunehmen. Das *Leben* ruft uns, und wir sollten es mit offenen Armen begrüßen.

Das Leben ruft

Hermann Hesse schrieb in seinem Gedicht *Stufen*: »Es muss das Herz bei jedem Lebensrufe bereit zum Abschied sein und Neubeginn.«

Wer glaubt, sich vollständig verwirklicht zu haben, hat sich möglicherweise verpasst

Das Leben ruft uns. Ich bin mir sicher, dass es darum geht, sich immer wieder aufs Neue zu erfinden, neue Facetten und Potenziale zu entdecken und umzusetzen. *Werde was du bist!* fordert der italienische Psychologe Piero Ferrucci. Im Untertitel spricht Ferrucci von Selbstverwirklichung, ein Wort, das uns allen heute allzu leicht über die Lippen kommt – und so vergessen wir schnell, was damit gemeint ist. Selbstverwirklichung ist ein unendlicher Prozess. Wer glaubt, sich selbst verwirklicht zu haben, hat sich möglicherweise schon verpasst. Sich selbst zu verwirklichen bedeutet, neue Ziele zu fixieren. Der Mensch ist das Wesen, das sich permanent erfindet und erfinden muss. In den verschiedenen Lebensphasen, Kontexten und Umgebungen stehen wir zahlreichen anderen und neuen Herausforderungen gegenüber. Innerhalb dieser stellt sich jedoch ständig die Frage, ob wir Veränderung wollen und wie wir sie realisieren – uns realisieren – können.

Solange wir die inneren Entwicklungsimpulse – den Ruf – nicht wahrnehmen können oder wollen, wird das Abenteuer Leben möglicherweise an uns vorbeiziehen, und irgendwann kommt der Moment, da das Dasein anfängt, schal zu schmecken. Nichts ist mehr wirklich aufregend, die Lebendigkeit zieht sich mehr und mehr zurück, Langeweile, Eintönigkeit und Müdigkeit beherrschen immer mehr unser Lebensgefühl. Die Visionen werden grau, Schwere und Lähmung machen sich schleichend breit.

Ein Fall aus dem Business: Julian, verantwortlicher Manager für ein Team von mehr als 30 Mitarbeitern in einem großen IT-Unternehmen, kam zu mir und klagte mir sein Leid. In seiner Abteilung hakte und klemmte es seit vielen Monaten. Er selbst hatte sein Team in beträchtlichen Teilen zusammengestellt, vertraute ihm, und der Wille seiner Leute und das Klima untereinander war auch keineswegs das Problem. Es bestand vielmehr darin, dass er nicht so recht wusste, wo und wie er ansetzen sollte, was eigentlich im Argen lag. Für das, was ihn beunruhigte, hatte er noch keine Sprache. Er wusste, dass etwas passieren musste, aber er konnte es noch nicht benennen.

Ich schlug Julian vor, gemeinsam mit ihm und seinen Mitarbeitern auf die »Heldenreise« zu gehen. An dem Wochenende des Seminars stellte sich heraus, dass das Team seit beträchtlicher Zeit keine echten Ziele mehr hatte. Julian hatte versucht, seine Mitarbeiter nicht zu überfordern und ihnen ein wohlwollender Vorgesetzter zu sein. Die komplexen und anforderungsreichen Arbeitsprozesse, die allerdings teilweise schematisch waren und immer wieder grüßten wie das berühmte Murmeltier, konnten das Team nicht mehr fesseln wie zu der Zeit, als die Routinen noch nicht so eingespielt gewesen waren. Die Luft war raus. Zur Unterforderung kam Überforderung, weil die Hebel irgendwann nicht mehr einfach so umgelegt werden konnten. Die Abteilung dümpelte vor sich hin – und aus den Erzählungen der Einzelnen wurde schnell klar, dass neue Ziele und Visionen das waren, was fehlte. Die Bereitschaft, hart und ausdauernd für den Erfolg zu arbeiten, war zweifelsfrei vorhanden, doch Motivation und zielorientierende Fixpunkte wurden dringend benötigt. Indem die Teammitglieder den Versuch unternahmen, den Ruf, den sie in sich vernahmen, zu artikulieren, kamen sie auf eine Art und Weise ins Gespräch, die sehr fruchtbar war und zu weitreichenden Konsequenzen bis hinein in die Struktur der Abteilung führte. Es kam zu einer Neuausrichtung, zu einer Novellierung, die auch in andere, von dem ursprünglichen Problem gar nicht betroffene Unternehmensbereiche ausstrahlte. Julian selbst verließ zwar später die Firma, um sich als Berater selbstständig zu machen, konnte jedoch ein wirklich harmonisch funktionierendes und gut eingespieltes Team an seinen Nachfolger übergeben.

Dem Glücklichen schlägt keine Stunde

Das, was diesem Team zwischenzeitlich abhanden gekommen war, bezeichnet Mihály Csíkszentmihályi, US-amerikanischer Psychologe ungarischer Herkunft, als »Flow«. Das Flow-Erlebnis bezeichnet das Gefühl des völligen Aufgehens in einer Tätigkeit. Wie von selbst geht man an die Arbeit, mühelos geht sie von der Hand. Sie wird nicht als Pflicht oder Last empfunden, nicht als »fremde« Arbeit, sondern als eigener Antrieb, als etwas Federleichtes, etwas, das man will – und nicht muss. Zentral dafür, um in den Flow zu kommen, ist, dass die Ziele, die man hat, bei einem selbst liegen. Sie müssen von einer Vision getragen werden. Man macht, was man macht, nicht aus einem äußeren Grund, sondern weil man selbst genau das und nichts anderes will. Ebenso zentral ist, dass der im Flow Tätige weder Überforderung noch Unterforderung empfindet. Es mag idealisiert klingen, doch Anforderungen und Fähigkeiten entsprechen sich. Unter diesen Bedingungen können Menschen, ob bei der Arbeit oder im Privaten, alles um sich herum vergessen.

Ihr Zeitgefühl wird außer Kraft gesetzt, der Horizont der Welt schwindet und die völlige Konzentration auf einen Punkt stellt sich ein. Csíkszentmihályi spricht von einer »positiven Sucht«, von einem Glücksgefühl, einem Zustand der Schwerelosigkeit, den man nicht mehr verlassen möchte. Um es mit einem alten Sprichwort zu sagen: Dem Glücklichen schlägt keine Stunde.

Julians Abteilung war all dies verloren gegangen, weil keine Ziele mehr präsent waren. Natürlich wurden jede Woche, jeden Monat und jedes Jahr Pläne erstellt und neue operationale Ziele definiert, aber die visionären Ziele fehlten. Das Sinnhafte, das aus einer formalen Aufgabe eine echte Mission macht, war verloren gegangen. Es herrschte blinder Aktionismus. Das verkrampfte Klammern an profane Ziele verhinderte die Orientierung an höheren Leitsternen. Durch die Heldenreise, an deren Beginn man lernt, den Ruf zu hören, wurde die Vision wieder in den Fokus gerückt und die Ziele neu formuliert. Ein Neubeginn bei laufenden Geschäften wurde möglich – und tatsächlich realisiert. Die Mitarbeiter fanden die viel beschworene »intrinsische Motivation« wieder, den Zugang zum Flow, wovon sie selbst und das Unternehmen am meisten profitierten.

Veränderungen herbeiführen ist das Ergebnis tiefgründigen Fragens

Ich möchte noch einmal auf Hermann Hesses Zeile zurückkommen: »Es muss das Herz bei jedem Lebensrufe bereit zum Abschied sein und Neubeginn.« Was ich hier im Anschluss an Joseph Campbell den Ruf nenne, bezeichnet Hesse als Lebensruf. Ich verstehe darunter nicht oder nicht nur, dass das Leben ruft; vielmehr sind die beiden Substantive Leben und Ruf in der Gedichtzeile regelrecht verschmolzen. Mit anderen Worten: Jeder Ruf ist ein Ruf des Lebens, des ganzen Lebens, nicht nur eines einzelnen Aspekts oder eines singulären Interesses. Gerade deshalb bringt Hesse sofort die Bereitschaft zu Abschied und Neubeginn ins Spiel. Folgt man dem Lebensruf, dann wird sich womöglich *alles* verändern. Bereit sein heißt also, den Mut haben, loszulassen und neu zu beginnen. Man verlässt, wenn man dem Ruf folgt, das sichere Gelände und begibt sich in Gefahr. Hesses Zeile ist also nicht einfach ein heiteres Versprechen zukünftigen Glücks, erst recht nicht eine irgendwie dahingesagte Empfehlung, mal irgendwas auszuprobieren. Das Herz muss vielmehr wirklich bereit sein, ein halbherziger Entschluss genügt bei Weitem nicht, denn schließlich bedeutet auf die Reise zu gehen auch, Risiken auf sich zu nehmen. Auf dem Weg warten die Gefahr, Widerstände aller Art, Prüfungen – und alles, aber auch wirklich alles, nämlich das ganze Leben, steht dann auf dem Prüfstand.

Nur Mut! Nur Angst!

Man braucht Mut für Veränderungen. Schließlich begibt man sich auf eine Reise ins Ungewisse. Aber es ist zugleich eine Überfahrt ins Reich schlummernder Potenziale und ungenutzter Möglichkeiten. Und was kann schon passieren? Wovor sollen wir uns fürchten? Doch nur vor uns selbst, vor unserer Courage, davor, das bequeme Leben und die scheinbaren Sicherheiten aufzugeben und uns ins Getümmel der abenteuerlichen Reise zu begeben. Wir sollten mutig sein und darauf vertrauen, dass hinter der Angst etwas auf uns wartet, was uns guttut. Wir sollten so viel Mut mitnehmen, wie wir mobilisieren können. Aber wir sollten auch Angst einpacken, denn Angst kann ein guter Ratgeber sein.

»Wer keine Angst hat, braucht keinen Mut.«

Reinhold Messner beschreibt die Zusammengehörigkeit von Mut und Angst auf treffende Weise. Als er gefragt wurde, ob er mutig sei, antwortete er: »Nein, ich bin ein ängstlicher Typ ... Wer keine Angst hat, braucht keinen Mut. Angst ist Ausdruck unseres Überlebensinstinktes. Dieser Instinkt ist viel stärker als unser Sexualtrieb, der nur die Erhaltung der Gruppe garantiert. Der Überlebensinstinkt rettet den Einzelnen. Wenn ich eine gefährliche Expedition antrete, muss ich versuchen, Angst und Mut ins Gleichgewicht zu bringen. Sonst scheitere ich ... Ich versuche, mich möglichst perfekt vorzubereiten. Ich spiele alles genau durch, um notfalls bei minus 50 Grad den Kocher zu flicken. Die Angst zeigt mir die Mängel in der Vorbereitung. Also arbeite ich an mir, bis ich die Angst zurückgedrängt habe.« (*Abenteurer Reinhold Messner über Mut, Angst und bergsteigende Manager*. In: Wirtschaftswoche vom 20.12.2004)

Von einem, der auszog, das Fürchten zu lernen

»Ach, wenn mir's nur gruselte!«, ruft ein junger Mann in dem Hausmärchen der Brüder Grimm immer wieder aus. Bei seiner ersten Prüfung, als er um Mitternacht die Glocken läuten soll, tritt ihm der Küster als Gespenst entgegen, um ihn zu lehren, was er kennenzulernen begehrt. Der Furchtlose spricht ihn dreimal an und stößt ihn, als er keine Antwort bekommt, ohne viel Federlesen die Treppe hinab.

Nachdem er so seine erste Gelegenheit, seine Lektion in Sachen Furcht zu lernen, mutig verpasst hat, zieht er in die weite Welt. Auf der Landstraße begegnet er einem Mann, der ihm empfiehlt, es sich unter einem reich geschmückten Galgen für die Nacht bequem zu machen. Aber auch die baumelnden sieben Gestalten können ihm keinen Schreck einjagen, und so zieht er weiter und gelangt zu einem verwunschenen Schloss. Wer es dort mit den bösen Geistern drei Tage lang aushält, dem hat der König seine Tochter versprochen. Gesagt, getan: Der von seiner Furchtlosigkeit nicht zu kurierende Jüngling macht schwarzen Katzen und Hunden an glühenden Ketten gleich reihenweise den Garaus, belustigt sich an der Fahrt mit dem rollenden Bett, kegelt gegen halbe Männer mit Totenköpfen um die Wette, schickt einen Wiedergänger zurück in den Sarg und rammt einen Unhold ungespitzt in den Boden. Das Fürchten hat er zwar immer noch nicht gelernt, aber die Hand der Prinzessin gewonnen.

Nach der Hochzeit wird er dann endlich von seiner Furchtlosigkeit erlöst: Seine Gemahlin und die Kammerzofe übergießen ihn des Nachts mit einem Eimer kalten Wasser und vielen zappelnden kleinen Fischen, und der unerschrockene Jüngling bekommt endlich die Gelegenheit auszurufen: »Ach, was gruselt mir, was gruselt mir, liebe Frau! Ja, nun weiß ich, was Gruseln ist.«

Die liebenswürdige Persiflage auf den Ritter ohne Furcht und Tadel stellt das Bild der Heldenreise in gewisser Weise auf den Kopf: Der Jüngling stößt bis zum Ende nicht auf einen einzigen Widerstand. Kein Schreckgespenst und keine gruselige Situation können ihm etwas anhaben. Er erhält seinen buchstäblichen Schatz, ohne je von Zweifeln oder Ängsten geplagt worden zu sein. Dass es im wirklichen Leben nicht immer so ist, bedarf wohl keiner weiteren Erklärung. Aber was wir doch von dieser Geschichte lernen können, ist, nicht das Fürchten, sondern der unbeirrbare Optimismus, mit dem der schalkhafte Held seine Abenteuer angeht. Lassen wir uns also nicht vom ersten Widerstand entmutigen oder einschüchtern, sondern gehen wir unsere Heldenreise unverzagt und mit dem festen Glauben an unsere Unbesiegbarkeit an!

Der Anwalt der Armen

Die Jahrtausendwende stand unter dem Zeichen einer wahren Finanzmegalomanie: gigantische Bankenfusionen, Gewinnmaximierung mit allen Mitteln, hoch spekulative Kreditkonstrukte in Formen illegaler Schneeballsysteme, die schließlich zusammenbrachen und nicht nur die ökonomischen, sondern auch die politischen Systeme an den Rand des Abgrunds brachten. Die Realitäten der arbeitenden und wirtschaftenden Menschen spielen in diesen undurchsichtigen Zusammenhängen kaum mehr eine Rolle. Unter diesen Umständen konnte man fast auf die Idee kommen, dass die Fenster der chromglitzernden Bankentürme, die sich in den Himmel recken, nicht zufällig so häufig wie irritierend verspiegelt sind. Man könnte meinen, dass niemand sehen können soll, was in den Tempeln der internationalen Geldflüsse vor sich geht.

Banken sind üblicherweise Instrumente, Reichtum zu mehren. Dass sie gleichwohl der Armutsbekämpfung dienen können, zeigt der bangladeschische Bankier und Begründer der Mikrofinanz Muhammad Yunus. Die Idee ist so einfach wie bestechend: Seine Grameen Bank vergibt Mikrokredite an Kleingewerbetreibende, die von anderen Banken kein Geld für ihre geschäftliche Existenz bekommen.

Yunus hat mit seinen Mikrofinanzierungen vor über 30 Jahren begonnen. 1976 unternahm der promovierte Volkswirtschaftler mit einigen Studenten eine Exkursion aufs Land, um die Armut seiner Heimat aus nächster Nähe unter die Lupe zu nehmen. Er traf eine arme Frau, die aus Bambus Hocker herstellte, dafür aber bei Kredithaien Geld zu Wucherbedingungen aufnehmen musste. Schnell wurde klar, dass dies kein Einzelfall, sondern die Regel war. Yunus handelte und begann, Kleinkredite zu fairen Bedingungen zu vergeben. Am Anfang wurde er oft verlacht, weil es sich offensichtlich nicht gerade um Big Business handelte. Aber Yunus grinste verschmitzt und machte weiter. Irgendwo auf dem Land hatte ihn sein Ruf ereilt, und er dachte gar nicht daran aufzugeben, sondern trotzte allen Widerständen. Seine Überzeugung und sein langer Atem haben sich ausgezahlt: 2006 erhielten der Anwalt der Armen und seine Grameen Bank den Nobelpreis – den Friedensnobelpreis, nicht jenen für Wirtschaftswissenschaften, schließlich hat Yunus tatsächlich mehr für das friedliche Zusammenleben der Menschen getan als für die Kurse der Börsen.

Der berühmte Bergsteiger, der Furchtloseste unter den Gipfelstürmern, braucht die Angst – als Ratgeber, um aufbrechen zu können, um seine Abenteuer zu bewältigen. Wir sollten alle etwas mehr von dieser Einstellung in unser Leben und auf unsere Reisen mitnehmen. In einem Punkt muss man ihm jedoch widersprechen bzw. ihn korrigieren: Man sollte die Angst keineswegs »zurückdrängen«, man sollte sie vielmehr integrieren, ihr den nötigen Raum geben, ohne sie übermächtig werden zu lassen. Nicht Verdrängung oder die Abwehr der Angst, sondern ihre Wendung ins Positive ist der Schlüssel zum Erfolg.

Ein gutes Mut-Angst-Gemisch hilft uns dabei, wichtige Entscheidungen zu treffen. Der Ruf, den wir gehört haben und dem wir folgen, kann uns in die eine oder andere gefahrvolle Situation führen. Mythologisch gesprochen müssen wir damit rechnen, gefährliche Prüfungen zu meistern oder gar in die Unterwelt verschlagen und von Dämonen bedrängt zu werden. Wir werden, mit anderen Worten, mit uns selbst konfrontiert. Die Gestalten, die unsere Mythen, Sagen und Märchen bevölkern, sind tatsächlich Fantasiegestalten, mit denen die Erzähler unseren Ängsten, aber auch unseren Hoffnungen eine Gestalt und ein Gesicht geben. Die Auseinandersetzung mit uns selbst beginnt spätestens dann, wenn wir auf das treffen, was ich im Anschluss an Campbell, Rebillot, Vogler und andere den Widerstand nenne. Er möchte uns davon abhalten, dem Ruf zu folgen, und verlangt uns eine erste Prüfung ab.

Ziehen wir aus, um das Fürchten zu lernen …

Noch einmal: Was ist ein Ruf?

Wenn ich vom Ruf spreche, dann meine ich nicht unbedingt etwas völlig Außergewöhnliches. Sicherlich, ein Ruf kann auch etwas sein, das sich als eine Epiphanie verkleidet oder als quasi-religiöses Erweckungserlebnis wahrgenommen wird. Ich will das keineswegs bestreiten, aber wenn ich an den Ruf denke, meine ich nicht unbedingt heilige Gesänge, die an Ihr Ohr dringen und Ihr Leben verändern. Ich meine auch keine unlösbaren

Rätsel, keine sphinxhaften Mysterien oder unverständlichen Orakel (natürlich, auch das kann es geben).

Man weiß mit einem Mal, was zu tun ist

Wenn ich an den Ruf denke, meine ich etwas viel Einfacheres, Alltäglicheres, Profaneres. Ich stelle mir zum Beispiel folgende Situation vor: Jemand wacht morgens auf und denkt: »Jetzt! Jetzt! Jetzt muss es sein!« In dieser Person hat es lange gegärt, aber es ist nie zu einem Entschluss gekommen, irgendwann, eben zum Beispiel im Schlaf, haben sich die Schleier der Unentschlossenheit und des Zauderns verzogen, und Klarheit hat das Zepter übernommen. Man weiß eben mit einem Mal, was zu tun ist. Und der Zeitpunkt dafür ist jetzt!

Eine andere Situation: Jemand hat etwas lange vor sich hergeschoben. Der Unwille war groß, sich der Situation zu stellen. Aber der Zusammenprall mit den Notwendigkeiten rückte unabwendbar näher. Und irgendwann steht der Entschluss fest, das Unausweichliche nicht mehr länger so geflissentlich zu ignorieren. Die Einsicht ist da, die anstehende Aufgabe jetzt entschlossen in Angriff zu nehmen.

Sehr häufig ist der Ruf nichts anderes als der »Cut« nach einer längeren Phase des Suchens, des Tastens, des Rätselns, des Grübelns, der Reflexion. Jemand steckt in einer Lebensphase fest, spürt, dass Veränderungen anstehen, weiß aber nicht, wie sich das äußern wird, wohin der Weg führt, wie das Leben sich ändern wird ... Dann, mit einem Mal, macht es klick! – Und schon war der Ruf da.

Und natürlich kann den Ruf auch etwas sehr stark Bedeutungsschwangeres umgeben. Eine Aura des Heiligen kann ihn begleiten. Nicht unbedingt, weil es tatsächlich immer um heilige Dinge gehen würde, sondern weil so, durch ein Ritual, die Bedeutsamkeit des Rufs unterstrichen und beglaubigt wird. Mit der rituellen Betonung des Rufs erhält er ein hohes Eigengewicht, und der Wechsel kann wirklich vollzogen werden.

Wie der Ruf klingt, ist an für sich nicht entscheidend. Zentral ist, ihn überhaupt zu hören. Dafür braucht man offene Ohren und eine unvoreingenommene Haltung. Das aber ist ob des Alltagslärms und der Vorurteile und Ressentiments, die wir antrainiert bekommen und einstudiert haben, oftmals überhaupt nicht leicht. Wir sollten uns deswegen der Möglichkeit des Rufs zuwenden. Wir sollten damit rechnen, dass er jederzeit an unser Ohr dringen kann (ob von außen oder innen sei dahingestellt).

Die Gegenkraft von Veränderungen ist der Widerstand

Sie haben es wahrscheinlich längst gemerkt: Wir sind noch einmal beim Thema Achtsamkeit. Wenn wir unsere Ohren verschließen und die Möglichkeit des Rufs ins Land der Fabeln und Märchen verweisen, werden wir ihn kaum hören können, egal, ob er leise oder laut, nüchtern oder pathetisch, klar oder verschlüsselt erklingt. Wenn wir der Möglichkeit des Rufs aber nicht die Absage erteilen, sondern sie in den Fokus unserer Aufmerksamkeit stellen, dann werden wir ihn hören – in welcher Form, Lautstärke und Tonlage auch immer.

Nicht die geringste Aussage kann ich zum Inhalt Ihres Rufs machen. Er ist so individuell wie Sie selbst. Aber über das Dasein ohne und mit Ruf lässt sich vergleichend durchaus etwas sagen. Während Menschen, die ihren Ruf noch nicht gehört oder ihn zwar vernommen, aber noch nicht entschlüsselt und verstanden haben, wie sie selbst dann oft sagen, »ohne Richtung« sind, haben gerufene Helden ebenso oft das Gefühl, mit Sinn erfüllt zu sein und auf ein Ziel zuzustreben. Welches Ziel das ist, ist sekundär – und auch dieses Ziel kann pathetisch sein oder völlig nüchtern. Es kann um nicht weniger gehen als die große Sinnsuche des Lebens, aber genauso darum, im Job vorwärts zu kommen und mehr Geld zu verdienen.

Während unseres Lebens erreicht uns nicht nur ein Ruf, vielmehr sind es viele Impulse, die wir erhalten – und die wir ernst nehmen oder ignorieren können. Zusammen bilden diese vielen Impulse den Ruf im Singular, den Ruf unseres Lebens.

Wenn ein Ruf an Ihr Ohr gedrungen ist, dann werden Sie schnell auf eine Gegenkraft treffen, die manchmal von außen auf Sie einwirkt, häufiger aber ein Teil Ihrer selbst ist. Ich nenne sie den Widerstand.

4. »Das geht doch auf gar keinen Fall …« – die Verweigerung

Heldengeschichten erzählen von Subjekten,
denen kein Widerstand der äußeren Welt
ihre Zielstrebigkeit hat rauben können.

PETER SLOTERDIJK

Es gibt ein Spiel, das Kinder spielen, wenn die Flut kommt.
Sie bauen um sich herum eine vermeintlich undurchdringliche
Sandmauer, um das Wasser so lange wie möglich draußen zu
halten. Natürlich sickert das Wasser von unten durch
und irgendwann durchbricht es die Mauer
und überflutet alle. Erwachsene spielen
ein ähnliches Spiel. Sie umgeben sich
mit einer vermeintlich undurchdringlichen Mauer
aus Argumenten, um die Wirklichkeit
draußen zu halten. Doch die Wirklichkeit
sickert von unten durch,
durchbricht irgendwann die Mauer
und überflutet uns alle.

GEORGE SPENCER-BROWN

Erster Gegenwind

Kaum fängt man an, dem Ruf etwas mehr Aufmerksamkeit zu schenken, stehen alle Wenn und Aber dieser Welt parat, um eine endlose Litanei, warum und wieso etwas nicht gehen kann, anzufangen. Die bequeme Seite unseres Naturells tritt auf den Plan und beginnt, meist lauthals, gegen jeden Hauch von Veränderung zu wettern. Und selbst von außen begegnen uns jede Menge Einwände und Zweifel. Die Eltern, die ja schon immer wussten, was gut für uns ist, kommentieren unsere ersten vagen Versuche. Die Freundin steht mit gut gemeinten Ratschlägen zur Seite. Alle um Sie herum wollen unbedingt verhindern, dass sich etwas ändert, dass Sie sich ändern. Der Arbeitskollege, der zwar genau weiß, dass es so nicht weitergehen kann, bei Meetings aber trotzdem jede Gelegenheit nutzt, um Ihre neuen Ansätze zu boykottieren, bremst Sie ebenso aus wie die Geschäftsleitung, die jede Modifikation der Führungskultur im Keim erstickt, indem sie als Erstes eine Kommission beruft, die die Lage analysieren soll, tatsächlich aber dafür da ist, um Zeit und noch mehr Zeit zu gewinnen, in der alles diskret im Sande verlaufen kann – und schon sind alle genialen Ideen und ernsthaften Konzepte vom Tisch. Es ist fast so, als wollte Ihr Umfeld einen möglicherweise dramatischen Wandel im System verhindern.

Wo ein Ruf gehört wird, ist der Widerstand nicht weit.

Ruf + Widerstand = ein unzertrennliches Paar

Jutta war schon lange unzufrieden in ihrem Beruf. Als angestellte Trainerin in einem Dienstleistungsunternehmen schulte sie die Mitarbeiter in kundenorientiertem Verhalten. Aus ihrer anfänglichen Begeisterung für das Thema und der Chance, die man ihr damals bot, war inzwischen Routine geworden. Zu den Trainingstagen kam sie morgens ins Büro, schnappte sich ein paar Unterlagen und verschwand in den Schulungsraum. Während sie früher nach Seminarschluss die Erlebnisse des Tages mit ihren Kollegen austauschte und mächtig stolz darauf war, wenn sie wieder mal die besten Feedbackbögen aufweisen konnte, hatte sie seit Längerem keine Lust mehr auf die ewig gleichen Gespräche, und außerdem schämte sie sich für ihre immer schlechter werdenden Bewertungen. Es fühlte sich alles langweilig an. »Irgendetwas muss passieren. So geht das nicht mehr weiter, das kann ich nicht noch 20 Jahre so weitermachen«, warf sie mir diesen Befund bei unserer ersten Coaching-Sitzung vor die Füße.

Nach wenigen Sitzungen hatten wir den Ruf, der auf unterschiedliche Weise schon angeklopft hatte, identifiziert, und Jutta formulierte klar und deutlich ihren Wunsch nach Selbstständigkeit. Während sie das aussprach, strahlten ihre Augen.

Wir werden durch den Widerstand herausgefordert

Alle inneren Zweifel und Einwände, und davon gab es reichlich, waren ausgeräumt, das Bild ihrer Zukunft, das wir gemeinsam entwarfen, erfüllte sie mit großer Vorfreude. Aber dann fing ihre härteste Prüfung erst an. Ihre Freunde, die Familie, alle, die Jutta etwas bedeuteten, rieten ihr ab. Sie konfrontierten sie mit den abstrusesten Kommentaren und Argumenten. Ihr Vater machte aus ihrem Wunsch flugs einen Vorwurf: »Bei uns in der Familie war noch nie jemand selbstständig!« Völlig aufgelöst und verunsichert saß sie vor mir. »Was soll ich nur tun? Ich fange schon an zu zweifeln, ob es wirklich der richtige Schritt ist.«

So zeigt sich der Widerstand, der Teil, der bewahren, festhalten will, der die Sicherheit liebt und dem Veränderungen mehr als suspekt erscheinen. So unangenehm das einerseits ist, so dient es auf der anderen Seite doch dazu, zu überprüfen, ob dieser Schritt wirklich der richtige ist.

Dies ist die im Heldenzyklus beschriebene erste Ebene des Widerstands. An dieser Stelle tritt erstmals deutlich und bewusst der Konflikt zwischen der Sehnsucht nach Wagnis und Abenteuer und dem Bestreben nach Sicherheit und Gewohntem zutage.

Wir werden durch den Widerstand herausgefordert, Position zu beziehen und uns zu entscheiden. Hören wir jetzt auf den Teil in uns, der vor Veränderung und Wagnis warnt, der uns zurückhalten will, oder entscheiden wir uns für einen ersten mutigen Schritt in die neue, unbekannte Richtung? Diese erste

Von Kränkungen, Äpfeln und Umwegen

Drei Kränkungen hat die Menschheit in den zurückliegenden Jahrhunderten hinnehmen müssen. Erstens jene durch Kopernikus, nämlich dass die Erde nicht der Mittelpunkt des Universums ist; zweitens jene durch Darwin, nämlich dass der Mensch nicht Gottes Geschöpf ist; und drittens jene durch Freud, nämlich dass der Mensch durch seine Triebe gesteuert wird – also nicht Herr im eigenen Haus ist. Aber damit nicht genug! Seit einigen Jahren hat der Mensch mit Kränkung Nummer vier zu kämpfen, mit jener durch Bill Gates, nämlich dass sein Leben von Maschinen bestimmt wird, deren Betriebseigenschaften kein Mensch mehr verstehen kann.

1976 gründete Steve Jobs mit zwei Kompagnons die Firma Apple – in einer Garage. Überhaupt scheinen Garagen den richtigen Boden zu haben, auf dem IT-Giganten gut gedeihen. Siehe Microsoft und Google. Steve Jobs versuchte nun, die vierte Kränkung der Menschheit erträglich zu machen. Er verhängte ein Tabu über mausgraue Nichtdesigns und schenkte der Welt den schönen Mac. Wenn man Computer schon nicht verstehen kann, dann sollen sie wenigstens nicht auch noch dem Auge wehtun, schien sein Motto zu sein. Es bildete sich schnell eine kleine und treue und stetig anwachsende Elite des Informationszeitalters und der Wissensgesellschaft, die Apples Designobjekte den herkömmlichen »Fenstern« vorzog.

Zwischenzeitlich verließ Jobs Apple, um dann nach zwölf Jahren wieder an die Spitze des Konzerns zurückzukehren – und ihn wieder an die Spitze zu führen. Und zwar für das symbolische Jahresgehalt von einem Dollar (von kleineren Geschenken wie einem Privatjet einmal abgesehen). Sein Umweg führte ihn zum Film. Er gründete Pixar Inc., ein Zeichentrickstudio, das voll animierte Filme drehte. *Toy Story* von 1996 war der erste vollständig am Computer entstandene abendfüllende Film – und schrieb damit Geschichte. Erzählt wird die Geschichte von zwei Spielzeugfiguren, dem Cowboy Woody und dem Space Ranger Buzz Lightyear. Ihre Odyssee zurück zu Andy, einem »All American Boy«, ist sehr abenteuerlich, schließlich werden sie zwischenzeitlich vom Nachbarsjungen entführt und schaffen es erst nach zahlreichen Prüfungen und Verwicklungen zurück ins richtige Kinderzimmer. Andy hatte Buzz am Anfang des Films verstoßen, nachdem er jedoch zusammen mit Woody, dem Chef des Kinderreichs, zurückkehrt, schließt er beide Spielzeughelden ins Herz. Er begreift, dass es das Wichtigste für sie ist, von einem Jungen geliebt zu werden.

Nicht nur die beiden Spielzeugfiguren haben eine Heldenreise hinter sich, auch Jobs hat auf seinem Umweg etwas Zentrales für sein weiteres Schaffen mitgenommen. Seine Liebe zum animierten Film hat Jobs nicht nur dazu gebracht, als größter Einzelaktionär des Disney-Konzerns einzusteigen, sondern ihn auch für Zukunftsmärkte sensibilisiert. Er hat verstanden, dass die Zukunft des Computers im Entertainment-Sektor liegt. Als er vom Film zum Computer zurückkehrte, setzte er alles auf multifunktionale Unterhaltungs- und Informationstechnologien.

Mit dem iPod stellte er den Markt für Musik- und Multimedia-Player auf den Kopf, mit dem iPhone novellierte er den Mobilfunkmarkt. Mit iTunes schreibt er eine weitere unvergleichliche Erfolgsstory: Das Programm wird zum Giganten für digitale, multimediale Bibliotheken, das auch den Film- und Fernsehmarkt übernehmen will. Mit den jüngeren Modellen des Macs hat Apple zudem eine neue Computergeneration geschaffen, die so ziemlich alles kann, wozu man früher ein rundes Dutzend Geräte brauchte, und noch viel mehr, wofür es früher keine Geräte gab.

»Digital-Lifestyle-Strategie« nannte Jobs diesen Ansatz, der den Wert von Apple innerhalb weniger Jahre nachgerade explodieren ließ. Das US-Wirtschaftsmagazin Fortune kürte den Apple-Macher prompt zum Konzernführer der Jetztzeit, zum »CEO des Jahrzehnts«, schließlich habe er die Märkte für Computer, Musik, Film und Mobiltelefone revolutioniert – gleich vier Branchen, während anderen schon eine zu groß ist. Entertainment und Information zu einer Sache zu machen – Infotainment –, ist Jobs' Projekt. Auf seiner Heldenreise vom Computer zum Film und wieder zurück hat er etwas Neuartiges kreiert und dabei zahlreiche Widerstände überwunden. Auf jeder Position musste er sich durchsetzen, seinen Weg als den richtigen vermitteln und Widersacher zu Mitstreitern machen, um Erfolg zu haben. Wir können von ihm lernen, dass nicht der direkte Weg immer der geeignetste ist, sondern dass es vielmehr unglaublich klug sein kann, einen Umweg zu gehen, der möglicherweise zwischenzeitlich als Holzweg erscheint, um dann wieder, mit neuen Ideen erfüllt, auf die Hauptstraße zurückzukehren. Die Wege des Helden sind mitunter verschlungen – und das ist alles andere als ein Nachteil.

Prüfung ringt uns eine ernste Auseinandersetzung mit dem Thema Eigenverantwortung ab. Gehen wir selbstbewusst unseren eigenen, zu Beginn gefährlich und unsicher erscheinenden Weg, oder vertrauen wir dem Altbekannten? Genau um diese beiden Pole, Bejahung und Verneinung, kreist die zweite Phase der Heldenreise, die Phase der Verweigerung.

Es muss gelten, Verantwortung für das eigene Leben zu übernehmen

Es gilt immer wieder neu, die Verantwortung für das eigene Leben und die Veränderung zu übernehmen. Das bedeutet, bewusst wahrzunehmen, welche Kräfte und Bedürfnisse sich zeigen und wie genau dieses Kräftespiel aussieht. Je tiefer wir in den Strudel geraten, umso mehr werden wir zum Spielball der Kräfte, hin und her gerissen zwischen Für und Wider, Wenn und Aber, Ja und Nein. Mit etwas Abstand oder aus der Sicht unbeteiligter Dritter fällt es leichter, den entstehenden Konflikt zu beobachten und zu analysieren.

Aber wir sollten vor diesem Widerstreit keine Angst haben und uns keinesfalls von den beharrenden Einflüsterungen beeinflussen lassen. Der Widerstand ist kein »Feind«, der uns und unsere Zukunft zerstören möchte. Er ist keine destruktive Instanz, sondern will bewahren, seine schützende Hand über uns halten, Unheil von uns abwenden.

Widerstände annehmen, macht das Leben reicher

Die Zeit des Widerstandes ist dazu da, eine bewusste Entscheidung herbeizuführen. Während dieser Zeit ist es möglich und notwendig, sich die wichtigen Fragen nochmals zu stellen und wichtige Einwände noch einmal zu durchdenken. Sie kann uns wertvolle zusätzliche Einsichten schenken und bereitet uns so auf die eigentliche Auseinandersetzung vor. An dem Widerstand oder den Widerständen »schleifen« wir unsere Entwicklungsabsicht; aus einem rohen, unbehandelten Stein wird ein für die zukünftigen Aufgaben brauchbares Werkzeug. Erst wenn wir den Widerstand und die damit verbundenen Herausforderungen annehmen, kann es zu einem nachvollziehbaren nächsten Schritt kommen. Das heißt nichts anderes, als dass wir die inneren und äußeren Boykotteure ernst nehmen und die Botschaften, die sie uns übermitteln, anhören und abwägen sollten.

Bei Jutta waren es äußere Stimmen, die die Rolle des Widerstands einnahmen. Doch auch wir selbst haben oft Einwände parat. Die äußeren Kräfte sind oftmals das Spiegelbild einer strengen inneren Instanz. Die Stimmen, die uns von außen bedrängen, können Projektionen unserer inneren Einwände sein. Zwischen der Kritik der Außenwelt und dem inneren Mahner besteht oftmals eine viel engere Beziehung, als uns ad hoc einleuchtet.

Der innere Kritiker

Insofern ist die Verweigerung, die jedem Ruf folgt, so etwas wie eine kontinuierliche Auseinandersetzung mit dem »inneren Kritiker«, der uns, ob wir wollen oder nicht, in fast allen Lebenssituationen erklärt, was gut und richtig ist, der unser Verhalten fortwährend kommentiert, der uns manchmal ermutigt, viel öfter aber an der kurzen Leine hält. Der innere Kritiker setzt Maßstäbe, formuliert Einschätzungen, fällt Urteile – und prägt damit von klein auf entscheidend unsere Überzeugungen und Haltungen. Und noch als Erwachsene erleben viele von uns, wie schwierig es ist, diesen oft überhöhten Maßstäben gerecht zu werden.

Das Gewissen ist ein anerzogenes Regulativ zugunsten der Angepasstheit

Unser »introjizierter«, mit der Erziehung in uns eingewanderter »Richter« bedient sich der Stimme des Verstands. Er ist ein Meister der Worte, die manchmal vernichtend über uns kommen. Er glänzt mit Ratschlägen, Einschätzungen, Ermahnungen zu allen Aspekten unseres Verhaltens, er wacht eifersüchtig darüber, alle Fäden in der Hand zu halten, er ordnet an, was wir zu tun und zu lassen haben, treibt uns an, scheut sich nicht, uns taktlos zu überfordern. Er schwingt sich auf zum Maß aller Dinge, und viel zu oft kuschen wir, haben ein schlechtes Gewissen, wenn wir seinen strengen Anforderungen nicht gerecht werden konnten, oder atmen erleichtert auf, wenn wir ihnen genügen konnten. Der innere Kritiker ist jene Instanz, die uns das schlechte Gewissen und Schuldgefühle aufbürdet oder gnädig erlässt, ein Ich über dem Ich, das Sigmund Freud das Über-Ich genannt hat.

Diese Instanz, die Ideale aufstellt und Prinzipien verankert, ist nichts anderes als unser Gewissen, entstanden durch Anpassungsprozesse in Kindertagen. Ausgestattet mit einer hoch empfindsamen Sensorik lernen wir als Kinder sehr schnell, was unsere Umwelt für gut und richtig hält, für welches Verhalten wir Zuwendung erhalten und wofür wir bestraft werden. Dadurch, dass wir lernen, die von unserer Umwelt – von Eltern, Geschwistern, Erziehern, Lehrern etc. – geforderten Verhaltensweisen zu verinnerlichen, nehmen nicht nur die Zwänge und Pflichten allmählich zu, nein, diese Instanz schützt uns auch vor vielen psychischen Blessuren, indem sie beispielsweise Enttäuschungen verhindert.

Kennen Sie diese Kraft, diese Stimme mit den vielen Tonlagen, die alles und jedes kommentiert, uns zu Höchstleistungen antreibt, unsere Niederlagen verhöhnt und unser Leben unbewusst lenkt? Eben sie ist es, die besonders dann, wenn wir einem Entwicklungsimpuls folgen wollen, lautstark alle möglichen Gegenargumente vorbringt, uns wüst beschimpft und mit aller Macht verhindern will, dass wir wirklich aufbrechen.

Wir passen uns an, verbiegen uns und vermeiden all das, was den Wünschen, Vorstellungen, Ansprüchen und Erwartungen nicht entspricht. Das alles tun wir, um die Familie, unsere Mitmenschen, Freunde und Autoritätspersonen nicht vor den Kopf zu stoßen. Wir haben, unter der Regie des Über-Ich, gelernt – sicher alle in unterschiedlichem Maß –, uns zu verleugnen, unsere Bedürfnisse und Wünsche zu zügeln, um den alltäglichen Anforderungen der Realität zu genügen.

Anpassung ist ein feiner evolutionärer Trick für »brave Mädels« und »nette Jungs«, aber nicht für Helden

Als Kinder wurden wir regelrecht gedrillt, um gewisse Erwartungen wahrzunehmen und zu erfüllen. Wir passten uns an und verinnerlichten die Ansprüche, Verbote, Regeln, Werte und Vorlieben erst des Elternhauses, dann der Gesellschaft – und schließlich identifizierten wir uns so mit ihnen, dass sie uns heute als unsere eigenen »natürlichen« Wertmaßstäbe erscheinen.

Wir lernen früh, wie wir anderen eine Freude bereiten (und sie uns verbieten), was wir tun müssen, um geliebt zu werden. Wir werden zu »netten Jungs« und »braven Mädels«. Auch später neigen wir allzu sehr dazu, uns der Zuneigung und Zugehörigkeit wegen in unseren Beziehungen anzupassen oder gar zu verbiegen. Während der Prägungsprozesse haben wir verlernt, einfach nur der Mensch zu sein, der wir sind. Wir haben verlernt, unseren Bedürfnissen und Wünschen nachzugehen, unseren Entwicklungsimpulsen zu folgen, uns um unser inneres Wohlergehen zu kümmern und manchmal sogar auch, uns selbst zu lieben.

So »ausgestattet« ist es sehr schwierig, die Regie im eigenen Leben zu übernehmen. Ohne es zu wissen, geben wir dem inneren Kritiker die Vollmacht in die Hand und lassen ihn bestimmen.

Der Held ist am liebsten der Steuermann seines Lebens

Also bedeutet dem Ruf zu vertrauen und das Abenteuer zu wagen auch, muterfüllt das Leben selbst zu gestalten, es eigenverantwortlich in die selbstbestimmte Richtung zu führen, gleich einem liebenswerten Meuterer das Steuer zu erobern und eigenständig das Schiff über die Stromschnellen des Lebens zu navigieren, dem Wind zu trotzen und wie die alten Seefahrer Neuland zu entdecken.

Wenn wir uns das vornehmen, wenn wir die gewohnten und leidgewordenen Automatismen durchbrechen wollen, um das Schicksal in die eigenen Hände zu nehmen, dann beginnt um uns ein übler Sturm und düstere Gewitterwolken ziehen herauf. Die innere Instanz wehrt sich mit allen Mitteln, die Gewalt aus der Hand zu geben. Sie bombardiert uns mit Vorwürfen, überschüttet uns mit Kritik, auf dass wir uns ihrem Regime beugen. Wenn wir jetzt zaudern und schließlich einknicken, sind wir schneller wieder in dem alten Film, in dem ein *anderer* Regie führt, als uns lieb ist. Jetzt gilt es, die Kraft, den starken Willen zu haben, um solchen widrigen Momenten zu trotzen – um nicht wieder in den wohlbekannten Zustand des Unbehagens gepresst zu werden, in dem wir *nicht* in der Lage sind, »Ich« zu sagen.

Wenn wir uns aber gegen die innere Instanz durchsetzen und ein Bewusstsein für unsere wahren Wünsche entwickeln, uns selbst liebevoll annehmen, dann können wir auf ungeahnte

Entdeckungsreisen gehen. Wer sich das nicht alleine zutraut, findet ganz sicher die Unterstützung, die er braucht – wo und bei wem, ist natürlich von Fall zu Fall verschieden. Wenn es in Ihrer Familie oder Ihrem Bekannten- und Kollegenkreis niemanden gibt, dem Sie in dieser Beziehung vertrauen oder sich anvertrauen können, dann kann ich Ihnen nur raten, professionelle Hilfe zu konsultieren.

Nur Fliegen ist schöner

In solch einer Lage war Charlotte. Sie träumte schon lange von einem Pilotenschein. Selbst ein Flugzeug zu steuern, zur Herrin der Lüfte zu werden, die Alpen und den Atlantik zu überqueren, war ihr alter Kindheitstraum. Gegen Ende einer Coaching-Stunde erwähnte sie das beiläufig, im Nebensatz eines Nebensatzes. Eigentlich saßen wir zusammen, um ihren nächsten Karriereschritt zu planen. Ihre derzeitige Aufgabe, Artdirector in einer renommierten Werbeagentur, füllte sie zeitlich aus – aber eben nur zeitlich. Die endlos langen Kundengespräche, die ewigen Meetings und die unsäglichen Budgetdebatten fingen an, sie nicht bloß zu langweilen, sondern richtig zu nerven. Nach einer Standortbestimmung wurde schnell deutlich, dass Charlotte ihren Traum vom Fliegen schmerzvoll verdrängt hatte. Und auch in unserer Coaching-Sitzung fand sie wortreich jede Menge plausibler Einwände: »Das bringt doch gar nichts. Jetzt, in meinem Alter, noch mit der Fliegerei anzufangen … Das ist doch viel zu teuer, nur um ein bisschen Spaß am Fliegen zu haben … So ein Quatsch, dafür habe ich einfach keine Zeit … Gerade jetzt, wo ich mich umorientieren möchte, geht das schon gar nicht … Können wir nicht endlich zu Potte kommen, ich möchte doch nur wissen, was mich weiterbringt?« Charlotte war gerade 31 geworden, also keineswegs zu alt, Geldnot war ihr fremd, Quatsch machte sie offensichtlich viel zu selten, und was sie weiterbringen würde, war offensichtlich: endlich den Ruf zuzulassen und abzuheben!

Charlotte kannte ihren Ruf genau, aber der eingepflanzte Widerstand war gegen diese Regungen ein scheinbar unbezwingbarer Riese. Jedes Mal, wenn ihr Kindheitstraum sich an die frische Luft wagte, wurde er mit brachialer Gewalt wieder in seinen Kerker gezwungen. Charlotte drückte ihn einfach weg und verschloss die Zellentür. Sie kam aus einem Elternhaus, in dem herausragende Leistungen zum guten Ton gehörten, in dem Ehrgeiz, Disziplin und Erfolg die erste Geige spielten. In dieser Welt gab es keinen Platz für eine Hobbypilotin, eine Madame-guck-in-die-Luft, eine Himmelsstürmerin und Wolkendurchfliegerin. In das eigene Vergnügen viel Geld und Zeit zu investieren war undenkbar, beinahe ein Skandal. Der nächste Karriereschritt stand schließlich auf dem Stundenplan, und Träume müssen sich hinten anstellen.

Die Karriere erzwingen, die Träume bezwingen führt dazu, das Leben zu verpassen

Ich bin der Meinung, dass diese typische Strategie – die Karriere erzwingen, die Träume bezwingen – dazu führt, dass sich beides gegenseitig blockiert. Ja, ich wage die Behauptung, dass genau das vielfach der Auslöser des Burn-outs und ähnlicher für unsere Zeit typischen »Berufskrankheiten« ist. In der Double-Bind-Situation, zugleich den beruflichen Erfolg und das private Glück suchen zu müssen, wird dann oft, weil es eben sein *muss*, dem Erfolg der Vorrang eingeräumt – und das Leben verpasst. C'est la vie!

Ich versuchte also, das Ungleichgewicht zu entdramatisieren, um eine offene Situation zu schaffen. Gemeinsam kamen wir Charlottes innerem Kritiker auf die Spur, und sie bekam ein neues Gefühl für ihre Bedürfnisse und war schließlich in der Lage, mit ihrem Wunschtraum spielerisch zu experimentieren. Sie begann sich von ihrer stark ausgeprägten Leistungsorientierung zu lösen und beschloss, Segelflugstunden zu nehmen.

Wenn Sie *in Ihrer Zeit* sind, dann werden Sie genug Zeit haben

Manchmal geht es gar nicht darum, sich im gesamten Umfeld umzuorientieren – den Beruf, die Arbeitsstelle, den Wohnort zu wechseln oder gleich das ganze bisherige Leben über den Haufen zu werfen –, sondern den eigenen Träumen und Sehnsüchten mehr Raum im Leben zu geben. Harte Arbeit und der daraus resultierende Erfolg können erfüllend sein – nur Fliegen ist möglicherweise schöner. Wenn beides zusammenkommt, wenn Schaffenskraft und Lebensfreude ausbalanciert sind, dann bewältigt man anstehende Herausforderungen leichter. Es entsteht pure Lebensenergie. Auch wenn beides zusammen rein rechnerisch mehr Zeit »kostet« – Sie werden sehen, dass Kronos, der Gott der Zeit, Ihnen, wenn Sie großzügiger mit dem verrinnenden Gut umgehen, es vielleicht sogar »verschwenden«, mehr Sekunden, Minuten und Stunden schenken wird. Zeit ist keine »objektive« Größe (was auch immer Physiker dazu sagen würden), sondern maßgeblich von subjektiven Parametern abhängig. Wenn Sie, wie die unzufriedene Charlotte, die Arbeit als Last empfinden, dann zerdehnt sich die Zeit ins Formlose. Sie tickt dann entweder zu schnell oder zu langsam. Sie will nicht vergehen oder zerrinnt zwischen den Fingern. Langeweile auf der einen, Nervosität auf der anderen Seite sind die Folgen. Wenn Sie dagegen *in Ihrer Zeit* sind, dann werden Sie mehr als genug Zeit haben, ohne je eine Leere zu spüren.

Und Sie?

Wie wäre es, wenn Sie Ihren Wunschträumen mehr Gewicht geben würden? Wenn Sie die Prioritäten in Ihrem Leben neu verteilen würden? Lassen Sie diese Idee wenigstens für einen Moment zu, und spüren Sie, wie es Ihnen mit dieser Vorstellung wirklich geht. Wie antwortet Ihr Körper auf die entstehenden Bilder?

Das Leben gilt es zu leben, bevor es zu spät ist

Tief in uns haben sich in unserer Kindheit Weisungen, Wertvorstellungen und Haltungen festgesetzt, die uns noch als Erwachsene stark beeinflussen. Mitunter regieren sie uns diktatorisch und pressen unseren Lebensmut zu Boden. Wenn wir uns allerdings entscheiden, das Abenteuer anzunehmen, dann beginnen wir mit jedem neuen Wagnis, mit jedem Ruf, dem wir folgen, bewusst, die fatalen Strukturen zu durchleuchten und werden mehr und mehr zu dem Menschen, der wir wirklich sind.

Durch das Selbsterfahrungserlebnis der Heldenreise haben Sie die Chance, Ihre wahre Natur zu entdecken, sich ihr zu öffnen und sie in allen Farben der Jahreszeiten zu gestalten. Hingegen kann es wirklich fatale Folgen haben, stets auf Nummer sicher zu gehen und dem Konflikt zwischen Abenteuer und Sicherheitsdenken, Veränderung und Festhalten am Gewohnten auszuweichen. Wir bezahlen dafür mit bleierner Schwere, die sich auf unsere Familie legt, mit unproduktiver Starre, die Chef am Arbeitsplatz wird, mit Langeweile, Traurigkeit oder sogar mit Depression. Alle Lebendigkeit zieht sich zurück wie ein Flusslauf, der mehr und mehr versickert und schließlich versiegt. Zurück bleibt ein ausgedörrtes Flussbett, ein Leben ohne Elan und Freude, es dümpelt farblos dahin und – verstreicht viel zu schnell.

Sie erinnern sich an die Geschichte von dem 85-Jährigen, der lieber mehr Karussell gefahren wäre und weniger oft zur Wärmflasche gegriffen hätte? Der gerne mehr Fehler gemacht hätte, wenn er sein Leben noch einmal von vorne hätte beginnen dürfen? Der erst im hohen Alter begriffen hat, dass er das Leben verpasst hatte? Der also bis zum Ende an der Klippe der Verweigerung hängen geblieben war?

Eine gute Ressource – die Entscheidung für den Widerstand

Das Stadium der Verweigerung ist der Schleifstein. An ihm wird das Schwert der Entscheidung geschärft. Wird in dieser Phase die intellektuelle Auseinandersetzung verweigert, versinkt alles in Stagnation, Indifferenz und Dumpfheit. Die größte Herausforderung liegt darin, die Stimmen des Widerstands anzuhören, ohne sich in der Folge von ihnen steuern und leiten zu lassen. Wir sollten uns also nicht abwenden und die Ohren verschließen, sondern aufmerksam zuhören. So mancher Einwand, auch wenn er uns aggressiv entgegentritt, enthält doch wichtige Hinweise, die uns viel über uns selbst verraten. Letzten Endes geht es aber nicht bloß darum zu versuchen, den Widerstand zu verstehen, sondern vielmehr um Akzeptanz. Sie haben den Ruf bejaht und sind entschlossen, viel Kraft und Ausdauer in die Umsetzung zu investieren? Es wird nicht reichen. Der Widerstand ist nicht nur ein gieriger Kraftverschwender, der Sie aussaugt und kraftlos am Boden liegen lässt, er ist auch ein brachliegendes riesiges Energiereservoir, das Sie anzapfen können (und sollten). Durch Akzeptanz.

Veränderung und Akzeptanz

Unternehmensfusionen gehören zur Normalität des aktuellen Wirtschaftens. Allerdings nehmen die Betroffenen die Auswirkungen selten als normal wahr. Die Fusion erzeugt Angst – Angst vor den unabsehbaren Veränderungen, Angst vor dem Neuen, Angst davor, in den Change-Prozessen auf der Strecke zu bleiben. Eine Fusion und ihre Auswirkungen zu managen, geschickt zu moderieren ist keine leichte Aufgabe. Die Reibungen und Probleme, die dabei entstehen, sind kaum im Voraus zu berechnen und gestalten sich von Fall zu Fall verschieden. Eines der größten Probleme ist die fehlende Akzeptanz der Betroffenen. Sie gehen in den Widerstand, sie wehren sich innerlich (und äußerlich) gegen die neuen Organisationsformen. Die Fronten verhärten sich. Statt die notwendigen Anpassungsprozesse voranzutreiben, verharren die Beteiligten reflexartig in den bekannten Strukturen. Mit Engagement wird das Alte festgehalten, jede Veränderung, ob sinnvoll oder nicht, wird abgewehrt. Das kann schnell zu einer Situation führen, wo sich nichts mehr vorwärts oder zurück bewegt, bis hin zur Lähmung ganzer Unternehmensteile bzw. bis zum Scheitern des Zusammenschlusses mit dann neuen unabwägbaren Folgen für die Beteiligten.

Wo die Angst ist, ist der Weg

Ein solcher Fall von Lähmung begegnete mir bei einem Unternehmen der Kommunikationsbranche, das ein zwar kleineres, aber nicht viel kleineres Konkurrenzunternehmen übernommen hatte. Insbesondere die beiden Vertriebsabteilungen waren »in den Widerstand« gegangen. Fast ohne zeitliche Verzögerung begannen die Absatzzahlen signifikant zu sinken – eine Situation, die nicht erwartet worden war und die das Gesamtunternehmen nicht lange stemmen konnte, schließlich sollte (und musste) es nach der teuren Fusion aufwärts gehen.

Die Blockadesituation im gesamtunternehmerischen Schlüsselbereich drohte nicht mehr zu eskalieren, sie war es längst. Bei meinem ersten Gespräch mit den Beteiligten beider Lager sah ich die immergleiche Reaktion: Schulterzucken. Zudem stand in jedes einzelne Gesicht die Weigerung eingeschrieben, auf die Gegenposition einzugehen. Verhärtete Fronten und allgemeine

Ratlosigkeit hieß die Diagnose. »Wir würden ja, aber die anderen ...«, war der explizite oder implizite Vorwurf, den jene an diese und diese an jene richteten. Zwar bejahten beide Seiten generell die gesteckten Ziele, aber es war die jeweils andere Fraktion, die verhinderte, dass man sie gemeinsam erreichte.

Auf der Heldenreise mit den zerstrittenen Parteien passierte nun Folgendes: Jeder Einzelne, beider Lager, versteht sich, formulierte seine Ziele, seine Vision, seinen Ruf. Aus Parteigängern, die bis dahin streng dem »Fraktionszwang« gefolgt waren, wurden wieder Individuen, die dazu angehalten wurden, sich selbst zu hinterfragen. Besonders wichtig war in diesem Fall das Stadium der Weigerung. Indem die Vertriebler ihren je eigenen Ruf formulierten, eröffnete sich ihnen die Chance, auch den Widerstand bei sich selbst zu sehen. Nicht mehr die anderen waren es jetzt, die abwimmelten, sondern plötzlich setzte sich vermehrt die Einsicht durch, dass beide Seiten Bremswirkungen verursacht hatten und dass jeder selbst mit seinem Widerstand umzugehen lernen musste.

Gemeinsamkeiten erkennen und annehmen

Mit einem Wort: Die Schuldzuschreibungen lösten sich mehr und mehr auf, die Beteiligten lernten zu akzeptieren, lernten, das Problem nicht mehr wegzuschieben, sondern mit dem Widerwillen in der eigenen Brust ins Gespräch zu kommen. Die vorher homogenen, sich unvermittelt gegenüberstehenden Einheiten lösten sich auf, die verschiedenen Widerstände bröckelten – man erkannte Gemeinsamkeiten, wo zuvor unüberwindbare Gegensätze gewesen waren. Der undurchdringliche Zusammenhang, aus dem es bis dahin kein Entrinnen gegeben hatte, wurde porös. Die einzelnen Mitglieder konnten durch Akzeptanz wieder beginnen, eine eigene Position zu gewinnen.

Was bedeutet eigentlich Akzeptanz? Jon Kabat-Zinn, der Achtsamkeitsmeditation an einer Hochschule an der US-amerikanischen Ostküste lehrte, hat eine sehr schöne Definition dieses Begriffs vorgeschlagen: »Akzeptanz bedeutet die Bereitschaft, Menschen und Geschehnisse möglichst unvoreingenommen, möglichst frei von eigenen Interpretationen zu betrachten. Ein klarer, von Ängsten und vorgefassten Meinungen ungetrübter

Geist erkennt die wirklichen Anforderungen einer Situation ungleich besser und ist in der Lage, entsprechend zu handeln.« (Jon Kabat-Zinn, *Gesund durch Meditation*, 2006, S. 53)

Die Beschäftigung mit dem Ruf und mit der Verweigerung und das Lernen von Akzeptanz für beide Seiten führt nicht selten zur Klärung einer Situation, die nahezu ausweglos erscheint. In der Vertriebsabteilung, die sich nur widerwillig auf die Reise begeben hatte, führte bewusste Hinwendung der einzelnen Mitglieder hin zu sich selbst, zu den eigenen Wünschen und Zielen, aber auch den Widerständen und Blockaden dazu, dass die hausgemachten Schwierigkeiten überwunden wurden. Danach gab es selbstverständlich keine Einigkeit in allen Punkten, aber Gesprächsbereitschaft und in Bewegung gekommene Positionen. Damit war das Hauptproblem im Prinzip bereits gelöst, und auf der weiteren Heldenreise konnten die Vertriebler weiter ausgreifende Schritte machen und den Stillstand hinter sich lassen.

AKZEPTANZ LERNEN

4. REFLEXION

Akzeptanz, das Erlernen des Umgangs mit den Verweigerungstendenzen in uns, kann man lernen. Eine leichte Übung, mit der Sie lernen, beide Stimmen, die bejahende und die verneinende, in sich besser zu hören, ist die folgende:

- Setzen Sie sich aufrecht auf einen Stuhl, beide Beine auf dem Boden, und schließen Sie die Augen. Lassen Sie sich Zeit, bis die akustischen und optischen Reize um Sie herum sich langsam setzen.

- Fokussieren Sie Ihre inneren Stimmen und Bilder. Versuchen Sie zu spüren, welche Positionen sich in Ihnen regen. Unterscheiden Sie zwischen den Stimmen des Rufs und der Weigerung.

- Wenden Sie sich bewusst beiden Seiten zu, anstatt die eine zu verdrängen und die andere in den Vordergrund zu stellen. Vermeiden Sie Bewertungen: Beide Seiten haben recht, keine ist nur »gut« oder nur »böse«.

- Drücken Sie Ihre inneren Wahrnehmungen und die unterschiedlichen Positionen aus: »Mir ist bewusst, dass …«; »Ich sehe vor meinem inneren Auge, dass …«; »Ich fühle den Ruf in mir, dass …«; »Mein Widerstand möchte, dass …«.

- Versuchen Sie, gegenüber beiden Seiten Akzeptanz zu entwickeln. Und versuchen Sie, Akzeptanz zwischen den beiden widerstrebenden Stimmen in sich zu erreichen.

Den inneren und/oder äußeren Widersacher zu akzeptieren, ist ein wirklich wichtiger Schritt und auf gewisse Weise vorentscheidend für das Weitere. Um sich dem Neuen, das in uns nach Beachtung ruft, tatsächlich zuwenden zu können, um den Mut bündeln zu können und beherzt dem Ruf zu folgen, ohne genau zu wissen, wie dieser Weg beschaffen sein wird, kann dieser Schritt nicht ausgelassen werden.

Nun ein kleines Experiment. Vieles, woran wir uns gerne erinnern, erscheint bildhaft und en détail vor unserem inneren Auge. Genau um diese Fähigkeit, sich etwas bildlich vorzustellen, geht es jetzt. Um dem Widersacher ins Gesicht sehen zu können, ist es sinnvoll und hilfreich, sich ihn als eine Gestalt vorzustellen. Das erleichtert die Auseinandersetzung, weil der personifizierte Widersacher (an)greifbarer wird.

- Wer sind Ihre Widersacher? Wo tauchen sie auf? Kommen sie von innen oder außen?

- Fertigen Sie einen Steckbrief Ihres inneren Widersachers an:
  - Wie sieht er vor Ihrem inneren Auge aus? Wie ist er gekleidet, wie sein Gesichtsausdruck, seine Haltung?
  - Welche Atmosphäre umgibt ihn?
  - Spricht er mit Ihnen? Was sagt er – und wie? Was sind seine beliebtesten Sprüche?
  - Welches Motto würden Sie bei ihm vermuten?
  - Was erzählt der Widerstand über Sie und Ihre Geschichte?

- Was tun Sie und mit welchen Kommentaren versuchen Sie sich davon abzuhalten, Ihren Weg zu wagen?

- Welche positive Absicht steckt hinter diesen Kommentaren?

- Welche Aspekte oder auch Bedürfnisse tauchen hier auf, die unbedingt berücksichtigt werden sollten?

- Was würde sich verändern, wenn Sie diese Stimmen zum Schweigen bewegen könnten? Und was würde Sie zum Schweigen bringen?

Das Unmögliche möglich machen

Stichtag 18. Juli 1918. In Europa geht der Erste Weltkrieg zu Ende, auf den Ruinen der alten Welt entstehen in der Folge totalitäre Systeme, die mit systematischem Rassenmord Millionen von Menschen umbringen. Schon vorher jedoch importierten die europäischen Kolonialmächte die rassische Verfolgung in alle Welt, insbesondere nach Afrika. In jenen Tagen wird am südlichen Zipfel des schwarzen Kontinents ein Mann geboren, der wie kein anderer für die Überwindung der Rassengrenzen steht. *Madiba* nennen die Südafrikaner Nelson Mandela, von dem eine unvergleichliche Aura ausgeht, ohne die die Überwindung der Apartheid kaum denkbar gewesen wäre.

Stichtag 17. Juli 1954. In Berlin wird Theodor Heuss zum Bundespräsidenten gewählt. Sieben Jahre später ernennt Bundeskanzler Adenauer auf immensen Druck mit Elisabeth Schwarzhaupt die erste Frau zur Ministerin. Wiederum 44 Jahre später passiert das, was in den Zeiten Heuss' und Adenauers und noch lange danach undenkbar war. Eine Frau wird zur deutschen Bundeskanzlerin gewählt, die übrigens an eben jenem 17. Juli 1954 geboren wurde: Angela Merkel. Als das einst Unmögliche eintrat, war es kaum mehr ein großes Thema. »Und das ist auch gut so!«, könnte man hinzufügen. Aber Angela Merkel ist diese Situation nicht einfach in den Schoß gefallen. Sie hat ihren Ruf von Anfang an gehört, sie ist ihren Weg gegen alles äußeren Widerstände und inneren Zweifel konsequent gegangen und hat nicht nur, aber auch weibliche Politikgeschichte geschrieben.

Stichtag 4. August 1961. John F. Kennedy versucht während seiner Präsidentschaft das Regierungsprogramm der New Frontier umzusetzen, worin es auch darum geht, die Grenzen zwischen den Rassen abzubauen. An jenem 4. August wird in Hawaii der Sohn eines Kenianers und einer US-

Amerikanerin geboren. Er wächst zwischen Honolulu und Jakarta auf und wird zu einem Kosmopoliten. 2009, 41 Jahre nach der Ermordung Martin Luther Kings, wird Barack Hussein Obama II zum ersten afroamerikanischen US-Präsidenten gewählt. »Yes we can!« war sein unmissverständliches Ja zum Ruf, sein unbeirrbares Nein zu allen Widerständen.

Mandela, Merkel, Obama – sie stehen, unabhängig ihrer politischen Ausrichtung, für die Überwindung des politischen *Stils* der Vergangenheit. Sie sind keine soldatischen Männer, erst recht keine über Leichenberge gehenden Diktatoren, die in Uniformen geboren wurden. Sie sind Helden der Demokratie, die ihrem Ruf gefolgt und ihren Weg gegangen sind. An ihnen haben, immer wieder, auch die inneren Zweifel genagt, schließlich war die Welt, in der sie aufwuchsen, noch lange nicht bereit für das, was dann trotzdem geschah. Dass sie erreicht haben, was sie erreicht haben, ohne zu Helden alten Stils zu werden, gibt berechtigte Hoffnung für die Zukunft. Entschlossen und unbeirrbar haben sie ihre Ziele verfolgt, und das wäre unmöglich gewesen, hätten sie in ewigem Hader und unaufhörlichem Streit mit ihren inneren Widersachern gelegen. Hätten sie die Kräfte des Widerstands nicht erfolgreich für sich gewonnen, wäre ihr Weg anders verlaufen.

5. Ja zum Leben, ja zu mir – die Entscheidung

In allen ersten Schritten liegt ein besonderes Gefühl, der Zauber des Anfangs. Dieser Zauber ist ein herrlicher Wind unter den Flügeln, der einen fast mühelos bis zur ersten großen Krise trägt. Manchmal habe ich den Eindruck, dass es auf den meisten Wegen zwei wirklich große Krisen gibt. Die erste nach dem Aufbruch und die letzte vor dem Ziel.
Es ist so, als ob man zweimal gründlich gefragt wird:
Willst du das wirklich?
Ist das der Weg, den du gehen willst?
Ist es dir den Preis wert?
Ist das das Ziel, das du wirklich erreichen willst?

GERNOT CANDOLINI

Nur wer bereit zu Aufbruch ist und Reise,
mag lähmender Gewöhnung sich entraffen.

HERMANN HESSE

Manche werden sich neidvoll abwenden und sagen: »Wie egoistisch!«, andere werden Sie bewundern: »Dass du dich das traust!«, weil Sie Ihren Traum verwirklichen, den die anderen schon vor Jahren begraben haben. Den ureigenen Lebenstraum – die Selbstständigkeit, die Weltreise, das Sabbatjahr, den neuen, aufregenden Job oder was auch immer.

Eine klare, bewusste Entscheidung verändert alles

Der Neid ist der Begleiter mutiger Veränderungen. Ich kann mich noch sehr gut daran erinnern, als ich die Entscheidung getroffen habe, das Wagnis der Selbstständigkeit einzugehen. Eine Woge der Bedenken schwappte mir entgegen, einige Menschen in meinem Umfeld wussten plötzlich ganz genau, was gut und schlecht für mich war, und überhäuften mich mit guten Ratschlägen. Aber ich fühlte nichts als eine ungeheure Klarheit, ein tiefes, unumstößliches Gefühl. Alle meine Zweifel waren ausgelöscht, ich war erfüllt von Zuversicht und Freude auf die Zukunft. Die Stürme des Haderns und die Unwetter des Zwiespalts klangen ab, und schließlich vollzog sich auch bei meiner Familie und meinen Freunden ein merkwürdiger Wandel. Als sie verstanden, dass es kein Zurück mehr gab, fingen sie an, mein Vorhaben zu unterstützen.

Eine klare, bewusste Entscheidung verändert alles – unser Auftreten, unsere Ausstrahlung, unsere ganze Person. Ich habe später in vielen Coaching-Sitzungen wahrgenommen, wie viel Selbstsicherheit die Menschen ausstrahlen, wenn sie ganz bewusst »Ja« zu sich, ihrer Herausforderung und ihrem Ruf sagen. Die Augen werden klar und beginnen zu glänzen, der Körper reckt und streckt sich und nimmt eine sehr aufrechte Haltung an. Entscheidungen stärken das Rückgrat. Wir richten uns auf, und auch unser Selbstvertrauen nimmt die richtige Haltung an.

Viele neue Wege sind weiblich

Viele Wege in die Zukunft des Business sind weiblich. Das heißt nicht, dass Frauen die besseren Manager, Wirtschaftslenker oder *Business Heroes* sind. Aber die Heroinnen der Ökonomie sind oft weit davon entfernt, mit kriegerischen Tugenden, von denen sich ihre Kollegen oft nicht trennen wollen, in den Kampf zu ziehen. Sie sind entschlossen, aber sie können auch andere Stimmen hören. Sie stürzen sich mit Leidenschaft und Engagement in das Spiel des Marktes, aber sie wollen keinen Krieg anzetteln. Sie haben Überzeugungen, aber sie können es ertragen, wenn nicht jeder gleich zustimmt. Und sie können sehr gut unterscheiden zwischen den von außen herandrängenden Stimmen und dem inneren Ruf.

Ein gutes Beispiel dafür ist Claudia Langer. Sie ist Inhaberin von Utopia Social Enterprises sowie Initiatorin und Gründerin von Utopia.de, einer Plattform, die zwischen ökologisch orientierten Konsumenten und Produzenten vermitteln will. Langer hat 1992 zusammen mit einem Partner die Werbeagentur Start gegründet. Kunden wie MTV, Burger King, E.ON, Levi's und Deutsche Bank machten die Agentur schnell bekannt – und groß. Langer verkaufte die Agentur. Offensichtlich wollte sie, trotz des Erfolgs, nicht mehr so weitermachen. Sie gehört zur Generation der ökologisch Interessierten, ohne ein Öko zu sein. Ökologie und Lifestyle schließen sich bei ihr nicht aus, sondern gehören zusammen. Und so entschied sie sich, ihrem Ruf zu folgen und zwischen Konsum und Ökologie eine Brücke zu bauen. Sie machte einen Schnitt, um sich fortan »mit voller Kraft für eine ökologisch bessere Welt einzusetzen«. Claudia Langer steht prototypisch für eine neue Generation von Macherinnen und Machern, die zwischen dem geschäftlichen Erfolg und der inneren Mission nicht mehr trennen wollen.

Einen anderen und doch irgendwie ganz ähnlichen Weg ist Birgit Zenker gegangen. Sie stammt aus einer karrierebewussten Familie und hat lange erfolgreich für einen Kaufhauskonzern gearbeitet. Sie glaubte an den marktwirtschaftlichen Grundsatz, dass sich Leistung am Ende auszahlt. Was sie in ihrer täglichen Praxis dann sah, erschütterte ihre Vorstellungen allerdings gründlich. Die mächtig unter Druck geratene Handelsbranche ersetzte Zug um Zug ihre ausgebildeten Fachkräfte, um sie durch ungelernte McJobber zu ersetzen. Die Leistungsbereitschaft der angestammten Kräfte wurde keineswegs belohnt, sondern der Druck wurde stetig erhöht und gleichzeitig wurden sie entlassen. Zenker konnte und wollte ihren Karriereweg unter diesen

Bedingungen nicht weitergehen. Sie kündigte und schrieb sich mit 30 an der Universität ein, sie beschäftigte sich intensiv mit den Positionen der liberalen Marktvertreter und gründete schließlich das Netzwerk Grundeinkommen. Inzwischen ist sie Bundesvorsitzende der Katholischen Arbeitnehmer-Bewegung und verficht entschlossen die Position des bedingungslosen Grundeinkommens. Zenker hat erkannt, dass die neoliberale Wirtschaftspolitik, die sich in weiten Teilen der westlichen Welt durchgesetzt hat, nicht nur den Markt, sondern auch den Arbeitsmarkt zu einem Kampfplatz macht. Neoliberale Politik stachelt die Aggression zwischen den Menschen an, statt Kooperation zu fördern. Arbeitslose und Billiglohnempfänger sind die Besiegten in diesem Kampf, und erst wenn die gewaltfördernde Situation durch das bedingungslose Grundeinkommen aufgehoben wird, kann sich wieder ein echtes gesellschaftliches Miteinander entwickeln.

Nicola Leibinger-Kammüller, die Chefin von Trumpf, des größten europäischen Herstellers von Werkzeugmaschinen, ist ein Beispiel dafür, dass Werte und Tugenden nicht neu sein müssen, um zukunftsweisend zu sein. Sie promovierte über Erich Kästner und übernahm schließlich das Familienunternehmen. Getragen vom protestantischen Geist, den der Soziologe Max Weber als Grund für den kapitalistischen Höhenflug Europas seit der Reformation ausgemacht hat, und von christlichen Werten, verbinden sich in ihr Demut, Bescheidenheit, Ehrlichkeit, Integrität, Disziplin, Ordnungsliebe und Organisationstalent mit einer ausgeprägten Verantwortung für die Mitarbeiter. In einem Familienkodex hat die Familie Leibinger sogar ihr eigenes »Grundgesetz« festgelegt, in dem solche Werte, ihre Bedeutung und ihre Konsequenzen fixiert sind. 2006 erhielt Nicola Leibinger-Kammüller zusammen mit ihrem Vater, ihrem Bruder und ihrem Mann den *Deutschen Fairness Preis* wegen ihrer Verdienste um »eine faire und transparente Unternehmens- und Führungskultur.«

Diese Beispiele zeigen, dass, wer seinem Ruf entschieden folgt, keineswegs von den Wegen des Erfolgs abkommt. Ganz im Gegenteil. Wenn Beruf und Berufung nicht auseinanderklaffen, sondern ein und dasselbe sind, wenn Überzeugungen und wirtschaftliche Interessen übereinstimmen, dann ist Erfolg nichts, was unter Einsatz großer Opfer erkämpft werden muss, sondern etwas, dass man mit Leichtigkeit erreichen kann, etwas, dass einem entgegenläuft. Man arbeitet dann nicht gegen sein Herz, gegen seinen emotionalen Haushalt, sondern im Einklang mit sich selbst. Man muss sich nicht verleugnen, sondern kann mit allem, was man hat, hinter der eigenen Entscheidung und dem eigenen Weg stehen.

ENTSCHEIDUNGEN VERGEGENWÄRTIGEN

5. REFLEXION

Erinnern Sie sich noch an eine wichtige Entscheidung, die Ihr Leben verändert hat? Nehmen Sie sich einen Moment Zeit, und lassen Sie diesen Moment der Entscheidung noch einmal lebendig werden.

- Wie war Ihr Gefühl, als Sie die Entscheidung gefällt hatten?

- Wie veränderten sich Ihre Gedanken und Gefühle im Vergleich zu vorher?

- Wann wussten Sie, dass der richtige Zeitpunkt gekommen war? Wie kam Ihnen das zu Bewusstsein?

Ich möchte Sie zu einem kleinen Ausflug einladen und Ihnen einen Weg aufzeigen, der es Ihnen erleichtert, die »Richtigkeit« einer Entscheidung zu überprüfen, und Ihnen schon im Vorfeld erlaubt, wirklich Klarheit über den nächsten Schritt zu erlangen. Sie kennen sicher dieses mulmige Gefühl, dieses unaufhörliche Abwägen, wenn es im Kopf pausenlos rattert und tickt, wenn unser Verstand sich einfach nicht entscheiden kann, welcher Weg der richtige ist.

Unser Körper »spricht« mit uns, aber hören wir ihm zu?

Wenn wir aber lernen, auf eine andere Form von Intelligenz zu vertrauen, dann kann es sein, dass das ewige Hin und Her, das unaufhörliche Pro und Kontra zu einem schnelleren Ende kommt. Denn Ihr *Körper* weiß manches schon, bevor Ihr *Geist* es erfasst. Körpersignale können eindeutig sein, während Ihr Verstand noch hinterherhinkt. Das bedeutet, dass Sie mutig hinter Verstand und Vernunft danach suchen müssen.

Maja Storch hat in ihrem Buch *Das Geheimnis kluger Entscheidungen* eindringlich beschrieben, wie wertvoll Empfindungen, die wir gemeinhin als »Bauchgefühl«, »Intuition« oder »Herzenswunsch« bezeichnen, sind. Es fällt uns oft schwer, diesen Signalen zu vertrauen oder sie auch nur wahrzunehmen. Wir haben gelernt, rational das Für und Wider abzuwägen. Wir legen argumentative Listen an, die uns nicht zuletzt im Berufsleben als Entscheidungsmatrix dienen. Gleichzeitig blenden wir die zuverlässigsten Signale, die der Körper uns sendet, aus. Maja Storch nennt sie »somatische Marker«. Der Begriff stammt von António R. Damásio, einem portugiesischen Neurowissenschaftler. Seine Untersuchungen belegen deutlich, dass unsere verstandesmäßigen Entscheidungen, wenn auch unbewusst, auf einem emotionalen Erfahrungsgedächtnis basieren, einem somatischen System, das in Entscheidungssituationen körperliche Empfindungen auslöst, die ganz erheblich »mitentscheiden«.

Der in Wien geborene US-amerikanische Philosoph und Psychologe Eugene T. Gendlin beschreibt mit seiner »Focusing-Methode« einen ganz ähnlichen Aspekt. Auch bei ihm geht es darum, dass Situationen oder Herausforderungen, die in unserem Leben von besonderer Bedeutung sind, sich in unserem Körperempfinden niederschlagen. Er nennt dieses körperliche Gefühl »Felt Sense«. Das kann ein Ziehen im Nacken, ein Drücken im Magen, ein Wärmegefühl oder plötzliches Erkalten einer Körperregion, das Gefühl eines Kloßes im Hals sein. Meist ist dieses Gefühl unspezifisch und uneindeutig, sodass es sich einem nur oberflächlichen schnellen Hinwenden leicht entzieht.

Der Körper weiß die Antwort

Konzentriert und fokussiert man sich allerdings auf dieses Körperempfinden, lenkt man seine Aufmerksamkeit bewusst darauf, die Signale des Körpers zu verstehen, dann werden die unklaren Signale zu klaren Entscheidungshilfen. Gendlins Methode besteht darin, in einem strukturierten Prozess und mit gezielten Fragen den Felt Sense in deutliche Aussagen zu übersetzen. Diese Transferarbeit, in der körperliche Empfindungen in sprachliche Evidenz transformiert werden, ermöglicht, eine stimmige Entscheidung zu treffen. In diesem Prozess verändern sich die Empfindungen des Körpers: Sie sind nicht mehr unangenehm und einengend, an die Stelle der bedrohlichen Signale tritt ein Gefühl der Freiheit, der abgeschnürte Brustkorb weitet sich, und wir können wieder durchatmen. Ein angenehmes Gefühl der Erleichterung durchflutet uns. Gendlin nennt das »Body-Shift«. Sie spüren, wie die Spannung aus Ihrem Körper weicht und die Sicht auf die Dinge klarer wird.

Hinsichtlich stimmiger, passender und damit kluger Entscheidungen bedeutet das, die jeweiligen Alternativen zu visualisieren, der Resonanz im Körper nachzuspüren und zu einer somatisch, psychisch und seelisch gleichermaßen passenden Entscheidung zu kommen.

Ein »Körper-Scan« kann ein nützlicher Helfer für Entscheidungen sein

Von hier aus kann man noch einmal den Bogen zur Methode von Maja Storch und ihrer Anwendung spannen. Für sie heißt klug entscheiden: »Inhalte aus dem emotionalen Erfahrungsgedächtnis und bewusste Verstandestätigkeit miteinander koordinieren.« (Maja Storch, *Das Geheimnis kluger Entscheidungen*, 2003, S. 59)

Die somatischen Marker, die unser Körper erschafft, sind weder »richtig« noch »falsch«. Sie sind so individuell wie wir Menschen und in ihrer Vielfalt unerschöpflich. Wichtig ist vor allem, sie überhaupt als hinweisende, unterstützende Impulse wahrzunehmen. Ob positiv oder negativ, ob Kribbeln im Bauch, freies Gefühl im Brustkorb, wärmendes Strömen am Solarplexus, klarer Kopf oder Kloß im Hals, verkrampfter Magen, Zittern in den Knien, Last auf den Schultern – wenn wir den Körper verstehen, können wir die richtigen Schlüsse ziehen. Ein »Körper-Scan« kann ein eminent wichtiger Helfer für Entscheidungen sein.

Fred, Business-Unit-Leiter in einem Bekleidungsunternehmen, stand vor einer solch wichtigen Entscheidung. Man bot ihm, der durch seine innovativen Ansätze und seine Ergebnisorientierung aufgefallen war, auf europäischer Ebene eine leitende Funktion an, die einen deutlichen Karrieresprung bedeutete. Gleichzeitig war ein Headhunter auf ihn aufmerksam geworden. Parallel hatte er das Angebot, in einer benachbarten Branche eine ähnlich attraktive Stellung anzunehmen. Er hatte also ein Luxusproblem, das ihm aber immenses Kopfzerbrechen bereitete. Objektive Parameter für die Entscheidung gab es kaum; zwar kannte er die Strukturen in seinem Unternehmen, die des anderen waren ihm dagegen fremd, aber er war auch bereit für Neues.

Sein Dilemma wurde verschärft, als er nur noch zwei Tage Zeit hatte zu entscheiden. In einer langen Nachtsitzung hatte er immer wieder die Vor- und Nachteile aufgelistet, die Argumente mehrfach abgewogen, aber die Situation war verstandesmäßig einfach nicht zu klären. Ich machte ihm schließlich den Vorschlag, er solle auf die Signale seines Körpers hören. Ich leitete ihn an, mit allen Sinnen wahrzunehmen, die aufsteigenden Bilder zu fokussieren und seinen Empfindungen nachzuspüren – und zwar einmal auf dem Pfad nach Europa und einmal auf dem Weg zum Konkurrenzunternehmen. Von der Weggabelung an tastete er sich vorwärts, nahm die Reise mit allen Sinnen wahr, ließ seinen Imaginationen freien Lauf, erspürte, was die Bilder in ihm auslösten. Als er seine Augen schließlich wieder öffnete, sagte er kurz und bündig: »Danke, jetzt sehe ich klar und weiß, wie ich mich entscheide.«

Die Zeichen standen auf Veränderung. Sein Körper hatte ihm verraten, dass die Zeit gekommen war, nicht bloß innerhalb der Hierarchie aufzusteigen, sondern zugleich ein Wagnis einzugehen. Das Angebot, im alten Unternehmen aufzusteigen, hatte ihm fraglos geschmeichelt, aber zugleich verhindert, dass sein tiefer gehendes Bedürfnis nach einer grundsätzlichen Veränderung sich seinen Weg bahnen konnte. Unbeschwert nahm er die neue Herausforderung an.

Wer die Signale des Körpers beachtet, entscheidet besser

Auch wenn Ihnen das ungewohnt, möglicherweise sogar abstrus erscheinen mag, unser Körper kennt die Antwort auf die Herausforderungen und Probleme, die Leben und Beruf an uns stellen. Es fällt uns nur schwer, dieser »Körperintelligenz« zu vertrauen. Wir sind von klein an erzogen worden, auf die Stimme des Verstandes zu hören. Sich davon zu lösen und der Stimme des Körpers Gewicht beizumessen, fordert gewisse Investitionen von uns: Kraft, Zeit und Geduld. Dafür werden wir aber mit einer äußerst effektiven Methode, wichtige Entscheidungen besser zu treffen, belohnt. Wir schärfen sozusagen unseren Willen, unsere bewusste Sehkraft, wenn wir nicht eingleisig kognitiv fahren, sondern auch die zweite, die somatische Schiene mitbenutzen.

Das Leben – ein fortwährender Marshmallow-Test

Piero Ferrucci hat in einem Seminar zur Willensschulung zwei gewichtige Argumente angeführt, warum der Wille in Verruf gekommen ist. Zum ersten wurde er in der repressiven, totalitären ersten Hälfte des 20. Jahrhunderts als Schlagwort missbraucht, am bekanntesten in der Formel vom »Triumph des Willens«. In der regressiven, postmodernen zweiten Hälfte des Jahrhunderts wurde er zum konsumistischen Kennwort. In dieser hedonistisch geprägten Zeit sind wir an einen Punkt gelangt, von dem aus wir *alles immer sofort* haben wollen, also die sofortige Befriedigung der Bedürfnisse im Mittelpunkt steht. Der ebenfalls aus Wien stammende US-amerikanische Psychologe Walter Mischel hat in den 60er-Jahren den Marshmallow-Test entworfen. Vier Jahre alte Kinder werden in einem kahlen Raum vor einen Tisch gesetzt, darauf ein Teller mit einem Marshmallow. Ihnen wird gesagt, dass sie die Süßigkeit sofort essen oder damit eine Viertelstunde warten können. Wenn sie sich so lange beherrschen können, bekommen sie als Belohnung einen zweiten. Seit Mischels ersten Versuchen sind die Zahlen deutlich schlechter geworden: immer öfter wird sofort zugegriffen, immer seltener auf die Belohnung gewartet.

Trotz dieses doppelten schlechten Leumunds spielt der Wille in einigen Bereichen des Lebens eine große Rolle, beispielsweise in der Erziehung und in der Personalführung. Hier wie dort ist oft keine »Schule des Willens« zu detektieren, sondern es wird oft genug die willenlose Anpassung gefordert.

In der Zeit der willenlosen Anpassung ist die Ausbildung von Willen fast schon ein widerständiger Akt – aber notwendig

Die Kunst der sorgfältigen, ruhigen, ausdauernden Willensbildung ist in Vergessenheit geraten. Als Kinder haben wir Sprüche gehört wie »Du hast gar nichts zu wollen« oder »Kinder, die was wollen, kriegen was auf die Bollen«. Die »Schwarze Pädagogik« (K. Rutschky) der Vergangenheit hat immer wieder versucht, die unbändige Willensstärke von Kindern zu brechen, und auch heutzutage, da wir längst gelernt haben, »weichere«, freundlichere Formen der Erziehung zu praktizieren, wird dem kindlichen Willen oft kein Recht eingeräumt.

Wenn die Kinder dann aber zu Erwachsenen geworden sind, sollen sie voller Begeisterung und Leidenschaft einen Standpunkt vertreten und Entscheidungen durchsetzen können. Sie sollen im Beruf von ihren Entscheidungen überzeugt sein. Sie sollen fähig sein, zu lenken und zu leiten. Sie sollen risikofreudig neue Wege gehen und sich in das Unbekannte hineinwagen. Sie sollen, mit einem Wort, ihren starken Willen ökonomisch fruchtbar machen.

Was ist das, »mein Wille«?

Welche Tragweite der Wille in unserem Leben hat und wie wichtig seine Schulung ist, können wir von dem italienischen Arzt und Psychologen Roberto Assagioli lernen. Er zeichnet ihn in seinem Buch *Die Schulung des Willens* als »fundamentale Kraft«, die unser Überleben in dieser komplexen Welt mit ihren vielschichtigen Anforderungen ermöglicht. Es bedarf der Schulung unseres Willens, er braucht eine Ausbildung und Erfahrung. »Der Wille muss entwickelt, verankert, ausgerichtet und vor allem benutzt werden«, so Assagioli. (Roberto Assagioli, zit. nach Ulla Pfluger-Heist, *In der Seele liegt die Kraft*, 2004, S. 94)

Was Assagioli theoretisch erfasst und beschrieben hat, die hohe Schule des Willens, beschreibt Michael Ende in *Die unendliche Geschichte* in schillernder Prosa:

> *Bastian hatte dem Löwen die Inschrift auf der Rückseite des Kleinodes gezeigt. »Was mag das bedeuten?«, fragte er. »TU, WAS DU WILLST, das bedeutet doch, dass ich alles tun darf, wozu ich Lust habe, meinst du nicht?«*
> *Graógramáns Gesicht sah plötzlich erschreckend ernst aus und seine Augen begannen zu glühen.*
> *»Nein«, sagte er mit jener tiefen, grollenden Stimme, »es heißt, dass du deinen wahren Willen tun sollst. Und nichts ist schwerer.«*
> *»Meinen wahren Willen?«, wiederholte Bastian beeindruckt. »Was ist denn das?«*
> *»Es ist dein eigenes tiefstes Geheimnis, das du nicht kennst.«*
> *»Wie kann ich es herausfinden?«*
> *»Indem du den Weg der Wünsche gehst, von einem zum andern und bis zum letzten. Der wird dich zu deinem wahren Willen führen.«*

»Das kommt mir eigentlich nicht so schwer vor«, meinte Bastian.
»Es ist von allen Wegen der gefährlichste«, sagte der Löwe.
»Warum?«, fragte Bastian, »Ich habe keine Angst.«
»Darum geht es nicht«, grollte Graógramán, »er erfordert höchste Wahrhaftigkeit und Aufmerksamkeit, denn auf keinem anderen Weg ist es so leicht, sich endgültig zu verirren.«

(MICHAEL ENDE, »DIE UNENDLICHE GESCHICHTE«, 1979, S. 227–229)

Wille ist nicht gleich Wille

TU, WAS DU WILLST. Diese Weisung entlastet nicht von allen Sorgen und Pflichten. Ganz im Gegenteil! Den eigenen Willen zu bilden, ist der beschwerlichste, gefahrvollste Weg, den der Mensch wählen kann. Die wirklich ernsthafte Willensbildung und -schulung ist nichts anderes als eine *unendliche Geschichte*, eine stete Sorge um sich selbst, ein steiniger, selten begangener Pfad, der in keiner Landkarte verzeichnet ist und auf dem kein Kompass weiterhilft.

Der Wille hat viele Facetten mit höchst unterschiedlichen Prägungen

Zurück zu Assagiolis Schule des Willens. Wenn wir den Terminus »Wille« hören, assoziieren wir zunächst möglicherweise naheliegende Begriffe wie Energie, Mut, dynamische Kraft und Durchsetzungsvermögen. Aber auch weniger glamouröse Begriffe gehören unabdingbar in diesen Kontext: Ausdauer, Beherrschung, Disziplin, Zielbewusstsein, Entschiedenheit, Konzentration, Kontrolle und Geduld sind eminent wichtige Qualitäten, die uns bei der Herkulesaufgabe der Willensbildung unendlich helfen können.

Das wird deutlich, wenn man sich Assagiolis Willensmodell genauer ansieht. Er unterscheidet den starken, den geschickten, den guten und den transpersonalen Willen.

Der *starke* Wille ist uns vertraut. Er zeichnet sich durch eine enorme Stoßkraft und Energie aus. Der *geschickte* Wille ergänzt durch Abwägen und Überlegtheit die enorme Energie und sorgt so für das smarte Erreichen von Zielen auf mühelose und damit energiesparende Art. Der geschickte Wille kreiert Bilder, Vorstellungen und Fantasien durch mentale Ausrichtung, Imagination und Fokussierung erreicht er seine Ziele. Nicht rohe Kraft ist sein Geschäft, sondern die Mobilisierung geistiger und mentaler Kräfte. Sein Raffinement ermöglicht eine Art Selbstmanagement in verfeinerter Form.

Der dritte Aspekt, der *gute* Wille, erschließt eine soziale Dimension. Er fragt auch und vielleicht sogar zuerst nach dem Wohl des Gegenübers. Während sowohl der starke als auch der geschickte Wille die Tendenz haben, andere zu überwältigen und mit unbändiger Macht über sie hinwegzurollen, achtet und beachtet der gute Wille die Bedürfnisse und Wünsche des anderen. Sie kennen sicherlich Menschen, die sich mit ihrem enormen Willen gegen alles und jeden durchsetzen – ohne Rücksicht auf Verluste. Ihnen fehlt die gemeinschaftsbildende, gesellschaftstragende Dimension des Willens: »Es ist für das allgemeine und unser eigenes Wohl notwendig, dass unser Wille sowohl gut als auch stark und geschickt ist.« (Roberto Assagioli, *Die Schulung des Willens*, 1998, S. 24) Ohne den guten Willen bleiben die Menschen isolierte Einheiten – auch und gerade in ökonomischen Kontexten ist er also grundlegend. Wenn jeder nur des anderen Raubtier ist und egomanisch und rücksichtslos nach dem Erfolg jagt, dann entstehen beispielsweise keine tragfähigen Geschäftsbedingungen.

Bleibt noch der vierte Aspekt, der *transpersonale* Wille. Hier geht es um Bestimmung, Berufung, Sinn, um unseren Auftrag, unsere Mission im Leben. In dieser höchsten, wertvollsten Dimension erst werden wir für den Ruf erreichbar: »Bestimmung haben, heißt im Ursinn, von einer Stimme angesprochen zu sein«, sagt Carl Gustav Jung. (Carl Gustav Jung, *Das C.G. Jung Lesebuch*, Ausgewählt von Franz Alt, 1983, S. 130)

Der richtige Wille hilft uns, eine Persönlichkeit zu werden

Mit dem starken und dem geschickten Willen erreicht der Mensch seine »egoistischen« Ziele, er befriedigt seinen Hunger nach Macht, nach ökonomischem Erfolg. Er beweist sich als kompetitives und ambitiöses Wesen. Mit seinem guten Willen stärkt er das soziale Band, er gründet und festigt die Sphären des glücklichen Zusammenlebens, er bildet Familien, Stämme, Staaten und schließlich sogar das globale Dorf. Erst der transpersonale Wille jedoch sprengt den profanen äquatorialen Gürtel der Erde. Mit ihm geht der Mensch ein Verhältnis ein, das größer ist als alle Egoismen und Sozialitäten. Mit dieser höchsten Form des Willens erobert er den inneren Weltraum, er hört den Ruf seiner Bestimmung, den Aufruf, die Schwelle zu überschreiten, um die Reise in sein Inneres zu beginnen.

Erst in dieser Dimension kann der Mensch die in ihm schlummernden Potenziale aufschließen, seine Ressourcen und Fähigkeiten vollständig mobilisieren. Er erkennt, was seine Aufgabe in dieser Welt ist, er weiß, was er zu tun hat.

Mit dem Hören des Rufs erklingt seine einzigartige Lebensmelodie. Diesem Aspekt gilt es, sich zuzuwenden und der inneren Stimme zuzuhören. Rufe auf Dauer zu ignorieren oder zu verleugnen, hat fatale Folgen. Wir ignorieren unsere Anlagen und Potenziale, wir leben nach falschen Konzepten und zahlen mit unserer Lebendigkeit und Authentizität.

Also sagen Sie »Ja«. Entscheiden Sie sich, Ihr Leben zu erleben und zu erfühlen, vertrauen Sie Ihren Entwicklungssignalen, und gehen Sie Ihren Weg! Der Wille lässt uns zur Persönlichkeit reifen. Fangen Sie an, ihn umfassend und intensiv zu trainieren!

Muskeltraining für den Willen

Um ein Fitnesstraining des Willens zu beginnen, ist am Anfang nicht viel nötig. Ich schlage Ihnen zwei einfache Übungen vor, die aber schnell viel bewirken.

Etwas tun, was Sie sonst nicht tun

Tun Sie etwas, was nicht schwierig ist, aber ungewohnt. Sie putzen Ihre Zähne mit der rechten Hand? Benutzen Sie ab jetzt die linke! Sie sind ständig in Bewegung? Setzen Sie sich zehn

Minuten still und schweigend auf einen Stuhl! Sie haben schon seit der Schule das Kopfrechnen aufgegeben? Werfen Sie Ihren Taschenrechner weg! Sie fahren immer mit dem Auto zur Arbeit? Nehmen Sie das Fahrrad!

Stärken Sie Ihre Willensfitness

Der Fantasie sind keine Grenzen gesetzt. Wichtig ist, dass Sie mit einer oder mehreren Gewohnheiten brechen, für eine Zeit, die Sie selbst im Vorhinein festsetzen. Sagen wir für mindestens eine Woche? Um die Willensfitness weiter zu stärken, suchen Sie sich danach eine neue kleine Aufgabe. Es ist hilfreich, nach einer Einheit die Empfindungen und Wahrnehmungen imaginär oder auf Papier zu notieren, um die Veränderungen sprachlich zum Ausdruck zu bringen. Dies stärkt die Wahrnehmung der Veränderungen.

Genau wie beim herkömmlichen Muskeltraining stellt sich die Willensstärke erst durch viele Wiederholungen ein. Einmal ist tatsächlich keinmal. Wichtig ist nicht, was Sie tun, sondern wie und wie oft Sie es tun. Mag Ihnen die Übung auch noch so unsinnig erscheinen, der Effekt wird sich einstellen, wenn Sie hartnäckig am Ball bleiben, wenn Sie wirklich am Trainingserfolg interessiert sind, wenn Sie präzise, wach und konsequent ans Werk gehen.

Konzentration und Präzision sind die Erfolgsfaktoren

Kennen Sie Pilates? Pilates ist ein systematisches Ganzkörpertraining zur Kräftigung der Muskulatur, ein System zur Vermeidung von Bewegungs- und Haltungsfehlern, das Körper und Seele gleichermaßen guttut. Es stärkt das Körperbewusstsein und basiert auf Kontrolle und Steuerung. Das Motto könnte sein: Eine präzise ausgeführte Bewegung bringt mehr als zehn schlampige. Durch kleine Dehnübungen wird die Muskulatur gezielt beansprucht, mit exakter Atmung, präzisen Bewegungen und voller Konzentration stellt sich das gewünschte Ergebnis ein. Genau so sollte eine Willensübung sein.

So tun als ob ...

Der heute weitgehend vergessene Philosoph Hans Vaihinger hat Ende des 19. Jahrhunderts eine *Philosophie des Als Ob* geschrieben. Er geht davon aus, dass das Denken und Handeln der Menschen oft auf »nützlichen Fiktionen« basiert. Ich möchte Ihnen an dieser Stelle empfehlen, eine solche Als-ob-Fiktion für sich zu nutzen.

So tun als ob kreiert Realität

Wir Menschen sind offenbar, das kann ich aus meiner Erfahrung sagen, in der Lage, so zu tun als ob. Wir können so handeln, als ob wir eine bestimmte Eigenschaft, die wir nicht haben, eine gewisse Fähigkeit, an der es uns mangelt, doch schon entwickelt hätten. Wir können einen Tag, eine Woche, einen Monat so tun, als wären wir beispielsweise optimistisch gestimmt und als gelänge es uns täglich, die Dinge, die unsere Tage ausfüllen, mühelos zu meistern. Wenn wir so tun als ob, dann ändert sich *tatsächlich* unser emotionaler Zustand. Wir bauen so eine positive selbsterfüllende Prophezeiung auf. Wir können so ersehnte, erwünschte innere Zustände erreichen, die uns zu Beginn noch weit weg erschienen. Wir kommen ihnen näher, indem wir sie imaginieren und so in unsere Nähe bringen. Allein dadurch, dass ich mir vorstelle, was ein mutiger Mensch jetzt tun würde, und es ihm dann gleichtue, mobilisiere ich enorme Ressourcen, die dann die Vorstellung in Realität verwandeln.

Vielleicht ahnen Sie die Kraft dieser Übung und können sich ausmalen, was passiert, wenn Sie eine Zeit lang so tun, als würde Ihnen alles leicht von der Hand gehen ... oder als hätten Sie jede Menge Zeit ... oder als könnten Sie mutig anstehende Entscheidungen treffen ... oder selbstbewusst Ihren Standpunkt vertreten. Diese Technik befähigt Sie, Ihre Gefühle und psychischen Zustände aus sich selbst heraus zu verändern, anstatt sie als gegeben hinzunehmen, und sie macht Sie zum Gestalter Ihres Lebens.

Der Glaube versetzt Berge. Wir sagen das oft gedankenlos dahin, meistens jedoch, ohne wirklich daran zu glauben. Es ist aber tatsächlich so. Und der Wille versetzt Gebirge! Gut trainiert, wohl dosiert ist der Wille der wichtigste Begleiter auf der Heldenreise. Er gibt dem Helden eben jene Kraft, die ihm ermöglicht, das Wagnis der Neuentdeckung einzugehen.

6. REFLEXION

LERNEN, BEWUSST ZU ENTSCHEIDEN

Zu den vorangegangen Übungen eine weitere Reflexion. Hier geht es vor allem darum, Ihre Sensoren für Entscheidungen zu trainieren, indem Sie sich der Art und Weise, wie Sie Entscheidungen treffen, bewusst zuwenden:

- Wenn Sie an wichtige Entscheidungen in Ihrem Leben zurückdenken, wie haben Sie sie getroffen?
- Woran erkennen Sie, dass es eine gute, richtige Entscheidung war?
- Welche Entscheidung schieben Sie schon länger vor sich her?
- Zu welchen Entwicklungssignalen oder Impulsen gilt es gerade, »Ja« zu sagen?
- Was würde passieren, wenn Sie sich trauten, das zu tun, wovon Sie schon lange träumen? Wie würde das Ihr Leben verändern?
- Was steht zwischen Ihnen und der definitiven Entscheidung, Ihren Traum zu verwirklichen?
- Was wollen Sie *wirklich*?

Nach der Geschichte: das Prinzip Menschlichkeit

Blickt man von einem weit entfernten Planeten auf die Erde, dann sieht man ein chaotisches Ameisengewimmel. Es geht drunter und drüber, und wenn man genauer wissen wollte, was dort unten wirklich passiert, dann bräuchte man unendlich viel

Zeit. Man bekäme dann vielleicht heraus, dass die Ameisen, die sich Menschen nennen, in der sogenannten Neuzeit das kapitalistische Wirtschaftssystem entwickelt haben. Es gab auch andere Formen der politischen und ökonomischen Selbstorganisation, den Sozialismus, aber der hat nichts zuwege gebracht und sich dann selbst abgeschafft. Übrig blieb der Kapitalismus, der jetzt die ganze Welt umarmt – Globalisierung sagen manche Menschen dazu. Einige glaubten, dass das eine Wirtschaftssystem jetzt alle Probleme lösen würde. Die fingen aber jetzt erst recht an. Und so gingen viele Menschen auf die Suche nach anderen Wegen. Sie machten nicht mehr nur Kapitalismus, sondern begannen, für eine bessere, gerechtere, sozialere, ökologischere Welt zu wirtschaften, weil sie sich um die Zukunft und die anderen Menschen sorgten. Sie kämpften nicht mehr nur im großen Verteilungskampf mit, sondern entwickelten neue Visionen und gingen auf ihre Mission.

Kapitalismus? Globalisierung sagt man dazu

»Moment, Moment …«, wird so mancher Leser dieser kleinen Märchenerzählung sagen, »die Menschen haben schon immer neue Wege gesucht, die Globalisierung fing spätestens 1492 an, und Gerechtigkeit, soziales Zusammenleben, die Umwelt und eine bessere Welt sind doch keine Erfindungen von heute …« Das stimmt natürlich alles, aber richtig ist auch: Nach der ersatzlosen Schließung des Rates für gegenseitige Wirtschaftshilfe gibt es keine ernst zu nehmende ideologische Alternative mehr zum Kapitalismus. Niemand, der ernst genommen werden möchte, würde das jedenfalls bestreiten. Also müssen die Probleme, die im weltumspannenden Kapitalismus gleichwohl existieren, und die großen Zukunftsaufgaben innerhalb des kapitalistischen Rahmens gelöst werden. Diese Lage ist, nicht in allen Einzelheiten, aber im Großen und Ganzen seit 1917 neu.

Zu den beeindruckendsten Formulierungen der Situation, in der wir uns befinden, zählt Francis Fukuyamas *Das Ende der Geschichte*: »Von der Fülle der Regierungsformen, die es in der Geschichte der Menschheit gegeben hat, von der Monarchie und Aristokratie über die Theokratie bis hin zu den faschistischen und kommunistischen Diktaturen unseres Jahrhunderts, behauptet sich am Ende des zwanzigsten Jahrhunderts allein die liberale Demokratie.« (Francis Fukuyama, *Das Ende der Geschichte*, 1992, S. 82)

Der Mensch strebt nach Anerkennung durch andere

Fukuyama stellt den griechischen Begriff *Thymos* in den Mittelpunkt seiner Untersuchungen. *Thymos*, wörtlich Lebenskraft, meint den Drang des Menschen nach Anerkennung durch andere. Es handelt sich, so Fukuyama, neben dem Drang nach Selbsterhaltung und dem Wunsch, ein gutes Leben zu führen, um den dritten Grundtrieb des Menschen. Anerkennung kann der Mensch auf vielen Feldern finden. Bis hinein ins 20. Jahrhundert suchte der Held seine Bestätigung oftmals auf dem Schlachtfeld, was allerdings durch die Entwicklung der Massenvernichtungswaffen immer unmöglicher geworden ist. Der Held kann Anerkennung auch auf symbolischen Gebieten erlangen – etwa in der Kunst oder im sportlichen Kräftemessen. Und er kann sie im ökonomischen Wettstreit erfahren.

Nachdem das zerfurchte Schlachtfeld und der Kampf Mann gegen Mann keine reale Option mehr darstellten, mussten sich die alten Helden neue Betätigungsfelder suchen. Viele von ihnen zogen von nun an in ökonomische Schlachten, im Sturmgepäck die alten kriegerischen Taktiken, Strategien und Verhaltensweisen. Der ökonomische Schauplatz wurde zum Kampfgebiet. Die Entschlossenheit und Kampfkraft der Kriegerökonomen brachten oft die gewünschten Erfolge, aber in den westlichen Gesellschaften der liberalen Demokratie mussten sie irgendwann doch in Verruf geraten. Der Feldherrenkapitalismus, in dem Märkte erobert und Konkurrenten feindlich übernommen werden, hat in den letzten Jahren zu zahlreichen Skandalen geführt: von Hilmar Koppers »Peanuts« bis Heinrich von Pierers Versinken im Korruptionssumpf. Ins Gedächtnis der Öffentlichkeit hat sich vor allem Josef Ackermanns Victory-Zeichen während des Mannesmann-Prozesses gebrannt.

Das mit zwei Fingern angedeutete »V« als Zeichen des Sieges stammt natürlich aus dem Kontext der Kriegsführung. Im Mittelalter zeigten englische Bogenschützen ihren Gegnern Zeige- und Mittelfinger (die »Schützenfinger«) in Form des Victory-Zeichens, um zu demonstrieren, dass sie voller Siegeszuversicht waren. Insbesondere französische Gegner fanden das nicht lustig und revanchierten sich, indem sie gefangenen Engländern kurzerhand die beiden Finger abtrennten. In den Fokus der Öffentlichkeit geriet das V-Zeichen noch einmal während des Zweiten Weltkriegs, als Winston Churchill kaum eine Gelegenheit verstreichen ließ, mit ihm seine Siegesgewissheit zu demonstrieren.

Kampf und Krieg hinterlassen Opfer, während im Wettstreit Sieger ermittelt werden

Churchill kämpfte gegen die totalitäre Bedrohung der Welt und für die Demokratie. Wenn wir uns heute nach demokratischen Helden auch in der Ökonomie sehnen, dann bedeutet das nicht zuletzt, den Unterschied von Kampf und Wettstreit exakt vor Augen zu haben. Kampf und Krieg hinterlassen Opfer, während im Wettstreit Sieger ermittelt werden. Dies ist sozusagen die Grundentscheidung, die die moderne Ökonomie treffen muss: alte oder neue Helden? Feldherren von gestern oder demokratische *Business Heroes* von heute?

Die Feldherren der Vergangenheit haben sich stets an einem kriegerischen Tugendkanon orientiert, an Tapferkeit zuerst, außerdem an absolutem Gehorsam, Härte gegen sich selbst und andere, bedingungsloser Loyalität und Unterordnung, dem Esprit de Corps, und sie haben nicht selten den Kampf bis zum bitteren Ende geführt, ungeachtet aller Opfer. Der *Business Hero* der Gegenwart und Zukunft hingegen baut auf sportliche Tugenden, auf Leistungsbereitschaft, Achtung vor dem Anderen, Fairness, Gerechtigkeit, Teamgeist, auf die Integration seiner kompetitiven Ambitionen in größere Zusammenhänge und im Hinblick auf höhere Ziele. Während dem Krieger, insbesondere wenn er mit dem Rücken zur Wand steht, die rücksichtslose Gewalt ein patentes Mittel ist, um seine Ziele zu erreichen, akzeptiert der demokratische Business-Held ein ethisches Regelwerk als seinen Operationsrahmen. Während der Kämpfer zur Verteidigung seines Lebens alle Register zieht, handelt der Sportler im Sinne des Fairplays.

Joachim Bauer hat in seinem Buch *Prinzip Menschlichkeit. Warum wir von Natur aus kooperieren* eindrucksvoll gezeigt, dass nicht Kampf, sondern Kooperation das grundlegende menschliche

Kooperation ist das grundlegende menschliche Prinzip

Prinzip ist. Wenn man in die Geschichte schaut, begegnet einem der Mensch zwar oft als Aggressor, Kämpfer und Vernichter, aber zu diesem misstrauischen, feindseligen und gewaltbereiten Wesen wird er erst durch den Mangel an Liebe. Tatsächlich ist der Mensch, wie Bauer betont, für »gelingende Beziehungen konstruiert«. Mit der Erziehung beginnt dann allzu oft schon in frühester Kindheit die Entwöhnung von diesen natürlichen Eigenschaften. Ihm wird sein Wille zu »Kooperation, Zugewandtheit, Spiegelung und Resonanz«, die das »Gravitationsgesetz biologischer Systeme« bilden, ausgetrieben. Wir sollten wieder mehr auf unsere natürliche, biologische Verfasstheit hören, insbesondere, wenn wir arbeiten und wirtschaften, denn mit Partnern lassen sich besser Geschäfte machen als mit Feinden.

6. Exkurs – Mentoren und innere Kinder

Wer sich der Berufung nicht verschlossen hat, begegnet auf seiner Fahrt zuerst einer schützenden Figur, oft einem kleinen alten Weiblein oder alten Mann, die ihn mit Amuletten gegen die Kräfte der Drachen, die er zu bestehen haben wird, versieht.

JOSEPH CAMPBELL

Mentor ist eine Figur aus Homers *Odyssee*. Er ist ein Freund des Helden Odysseus und Beschützer von dessen Sohn Telemachos. Während Odysseus nach dem Trojanischen Krieg seine endlose Irrfahrt über die Meere antritt und zahlreiche Abenteuer besteht, hält Mentor seine schützende Hand über Telemachos und steht ihm mit gutem Rat zur Seite. Hinter der Gestalt des Mentors steht allerdings meistens die dem Helden wohlgesinnte Göttin Athene, die die Gestalt Mentors annimmt. Athene ist die Tochter des Zeus und der Metis. Sie ist die Schirmherrin der Künste und Wissenschaften und gilt als die Verkörperung des Geistes und der Weisheit.

Ihr Mentor bereitet Sie auf die große Reise vor

Der Name Mentor ist aus dem altgriechischen Epos in den heutigen Sprachschatz gewandert und bezeichnet im übertragenen Sinne einen zumeist älteren, sehr klugen und weisen und zudem wohlwollenden Berater, der sich eines jüngeren, noch unerfahrenen Menschen annimmt. Im Wirtschaftsleben sind Mentorenprogramme längst fest verankert. Insbesondere junge Start-ups bekommen dadurch erfahrene und verdiente Führungskräfte an die Seite gestellt. Die Mentoren können in Sachen Inspiration, Networking und Qualifikation wertvolle

Dienste leisten und die jungen Gründer mit ihrer Erfahrung vor so manchem Anfängerfehler bewahren. Mentorenprogramme stellen sicher, dass zwischen den Generationen wertvolles Wissen weitergegeben wird und dass die ökonomischen Systeme fortbestehen können.

Wenn Sie aus tiefstem Herzen »Ja« zu Ihrem Ruf gesagt haben, werden Sie, nicht unbedingt, aber in den allermeisten Fällen, Ihrem Mentor begegnen. Der unerwartete Verbündete taucht wie aus dem Nichts auf, bestärkt Ihre Entscheidung, stärkt Ihr Selbstvertrauen und bereitet Sie auf die große Reise vor.

Wir treffen auf Menschen, die uns zur Seite stehen, die uns aufmuntern, vielleicht auch beschützen und an uns glauben, die, wenn wir wankelmütig werden, uns zunicken und unterstützen. Wir finden Geborgenheit und können die benötigte Kraft tanken. Sie helfen bei den Reisevorbereitungen, damit wir mutig weitergehen können.

Es ist eine gefährliche Sache,
aus deiner Haustür hinauszugehen.
Du betrittst die Straße, und wenn du nicht
auf deine Füße aufpasst, kann man nicht
wissen, wohin sie dich tragen.

JOHN R.R. TOLKIEN

Der schützende Mentor stattet den Helden mit dem nötigen Wissen aus, er vermittelt Fähigkeiten, die der Held für seine Reise ins Ungewisse benötigt. Die Funktion des Mentors ist es, den Helden auf die Probe zu stellen, die Ernsthaftigkeit seiner Entscheidung zu prüfen. In den Märchen, Mythen und Sagen stattet der Mentor den Helden mit magischen Gaben aus. Manchmal begleiten auch mehrere »Mentoren« den Helden auf seiner Reise, wie in der Geschichte *Der Herr der Ringe*.

Die Mentoren befähigen den Helden, den Mut, das Wissen und das Selbstvertrauen zu gewinnen, die Reise wirklich zu begin-

Ein Ring und viel Weisheit

Im ersten Teil der Triologie bricht Frodo Beutlin mit seinen acht Gefährten, der Gemeinschaft des Rings, nach Mordor, ins Zentrum des Bösen, auf, um den Einen Ring in die Feuer des Schicksalsberges zu werfen. Nur so kann er zerstört und damit verhindert werden, dass Sauron, der »Grausame«, wieder in seinen Besitz und so zu alter, übermächtiger Kraft und uneingeschränkter Herrschaft gelangt.

Frodo wird von dem alten Zauberer Gandalf, dem Elb Legolas, dem Zwerg Gimli, dem Kämpfer Boromir, den drei Hobbits Samweis Gamdschie, Meriadoc »Merry« Brandybock und Peregrin »Pippin« Tuk sowie dem rückkehrenden Fürsten Aragorn begleitet. Jede Gestalt steht für eine besondere Fähigkeit oder Eigenschaft, die bei der wagemutigen Expedition zu den Schicksalsbergen überlebenswichtig sind.

Die Mission Impossible, die die Gefährten möglich machen, folgt einem altbekannten Muster. Verfilmt worden ist dieser »rote Faden« unter anderem in Akira Kurosawas *Die sieben Samurai* (1954) und, in direkter Nachfolge, John Sturges' *Die glorreichen Sieben* (1960), wo jeweils die Edlen ein Dorf gegen Banditen beschützen. In Tolkiens Epos sind es Mittelerde im Allgemeinen und das Auenland im Besonderen, die durch die gefahrvolle Reise der neun vor dem dunklen Herrscher Sauron gerettet werden sollen. Die drei Hobbit-Gefährten repräsentieren den Lebenszirkel Frodos. Sie sind einfache Freunde, die in besonderen Situationen unerwartete Fähigkeiten auspacken. Gandalf, der langbärtige Weise, setzt sein Wissen, seine Erfahrung und seine Vorsicht ein, bis er in den Minen von Moria von einem Balrog in einen Abgrund gerissen wird. Aragorn ist ein Nachfahre Isildurs, der einst den Einen Ring mitsamt Saurons Finger abtrennte. Er ist ein besonnener, hellsichtiger, gerechter Herrscher und ein tapferer Kämpfer, dem es nicht um sein eigenes Wohl, sondern um das große Ganze geht. Boromir zeichnen Mut, Kraft und kämpferische Geschicklichkeit aus, aber auch Verführbarkeit; er wird von der Anziehungskraft des Einen Rings überwältigt, rettet dann aber zwei Gefährten und gibt sein eigenes Leben für sie. Gimli ist ein robuster, treuer Haudrauf, ein Wikinger ehrenhalber, den man in jeder Schlacht gebrauchen kann. Legolas ist filigran, elegant, klug, von beinahe femininer Anmut, seine Waffe führt er mit äußerster Präzision und Überlegtheit.

Zwar kehrt Gandalf, der Weise, später wieder aus dem Reich des Todes zurück, nachdem er aber in den Abgrund gerissen worden ist, muss die Gruppe seine Weisheit ersetzen. Außerdem treffen sie im Elbenwald auf Galadriel und ihren Gatten Celeborn. Galadriel lässt Frodo und Sam in ihren Spiegel blicken, in dem Vergangenheit, Gegenwart und Zukunft sich in Visionen zeigen. Als die Gefährten das Elbenpaar verlassen, wird jedem ein Geschenk gemacht. Frodo erhält eine Phiole mit dem Licht Earendils – er wird also sozusagen erleuchtet. In *Der Herr der Ringe* gibt es also weise Männer und Frauen – übrigens auch solche, die ihre Fähigkeiten missbrauchen –, aber die Rollen sind nicht eindeutig, nicht »monolateral«. Auch die Weisen sind Kämpfer – und die Kämpfer mitunter weise.

Es gehört vielleicht zur Erfolgsstory der Ring-Trilogie, dass Weisheit und die Fähigkeit, ein Mentor zu sein, nicht nur eng auf Figuren zugeschnitten werden, sondern buchstäblich überall sind. Nicht nur in ökonomischen Kontexten, sondern in allen Lebenslagen sollten wir davon ausgehen, dass Weisheit keinen fixen Platz und keinen ausschließlichen Träger hat. Sie ist buchstäblich überall – und folglich kann Mentor jeder sein, nicht nur der zaubernde Weise.

nen und sich ganz auf das Abenteuer einzulassen. Natürlich tauchen die hilfreichen Hände nicht nur im Außen auf, vielmehr erscheinen sie oft genug in Form von Visionen, Tagträumen und Fantasien. Der Weise, der in uns allen wohnt, kann uns genauso gut auf die Reise schicken, uns als Reiseführer dienen und mitunter »magische« Kräfte verleihen.

Entscheidungen setzen Energien frei

Der Part des Mentors ist es, bei Entscheidungen zu helfen. Er kann eine Tendenz bestärken oder einen Anstoß geben. Er verstärkt eine Idee oder schenkt sie dem Helden. Ist die Entscheidung erst einmal getroffen, folgt nicht selten ein wahrer Energieschub. Wurde die Energie bisher hinter starken Dämmen gestaut, sucht sie sich jetzt ihren Weg und entfaltet ihre ganze Wucht.

Karin traf nach einem langen, aufwühlenden inneren Kampf in einer Coaching-Sitzung eine klare Entscheidung. Sie trennte sich von ihrem Mann, mit dem sie viel zu lange eine zermürbende, destruktive Beziehung geführt hatte. Durch die Vermittlung einer Freundin bekam sie eine hübsche kleine Wohnung mit Balkon zu einem maßvollen Preis. Die Befreiung von der deprimierenden Situation setzte Kräfte frei, von denen sie schon lange nichts mehr geahnt hatte. Sie begann sofort, jetzt kämpferisch und optimistisch, eine Stelle zu suchen, um auf eigenen Füßen stehen zu können. Schneller als erwartet fand sie sich nicht einmal zwei Wochen später in einem renommierten Anwaltsbüro wieder und konnte nun endlich ihr eigenes Leben führen.

Ralf, Eigentümer eines mittelständischen Unternehmens mit rund 20 Angestellten, sah schon seit fast zwei Jahren zu, wie sich die Umsatzkurve seiner Firma langsam, aber sicher immer weiter in die falsche Richtung krümmte. Wie gelähmt und ohne Tatendrang schaute er dem eigenen Niedergang passiv zu. Wie aus dem Nichts tauchte ein Bekannter aus alten Tagen auf und während einer Messe erzählte er Ralf von seiner erfolgreichen Geschäftsidee. Ralf modifizierte die Idee, übertrug sie auf seinen Geschäftssektor und sah darin eine mögliche Lösung seiner Probleme. Am nächsten Tag ließ er sich am Messestand vertreten und eilte in sein Büro, um sogleich die ersten Hebel in Bewegung zu setzen. Vom passiven Zuschauer wurde er binnen kürzester Zeit zum Gestalter eines – im positiven Sinne – völlig auf den Kopf gestellten Unternehmens.

Und Sabine, Sie erinnern sich: die »Australierin« – sie fiel ihrem Chef so lange auf die Nerven, bis er nicht mehr anders konnte, als ihrem Wunsch nach einem längeren Auslandsaufenthalt nachzugeben. Als sich ihr dann die Gelegenheit bot, an einem meeresbiologischen Projekt teilzunehmen, nahm sie ihn beim Wort. Der viermonatige Aufenthalt im Gebiet des Great Barrier Reef im Nordosten des australischen Kontinents war eine unermessliche Belohnung für ihre Hartnäckigkeit, die sich erst eingestellt hatte, als sie ihre Entscheidung, wie es mit ihr weitergehen sollte, eindeutig und mit ganzem Herzen getroffen hatte. Die Erfahrungen, die sie in Australien und bei dem Projekt gemacht hat, waren dann für ihren weiteren beruflichen Werdegang ziemlich hilfreich.

Hilfe ist immer zentral: vom äußeren *und* vom inneren Mentor

Vielleicht ist es Ihnen auch schon mal so ergangen? Sie haben sich klar und eindeutig für eine Sache entschieden und auf einmal platzte der Knoten. Die Energie, die vorher nicht zur Entfaltung kam, war plötzlich nicht mehr aufzuhalten. Wie von Zauberhand tauchten Förderer, Unterstützer oder Mentoren aus dem Nichts auf.

Ein guter Freund fing plötzlich an, von den Erfahrungen und Erlebnissen seiner Selbstständigkeit zu erzählen und hatte wertvolle Tipps für Unternehmenskredite und zur Existenzgründung. Nachdem Sie auf der Karriereleiter ein paar Stufen zu viel auf einmal nehmen wollten und darüber stolperten, kamen Sie ins Nachdenken und zu einer Entscheidung – und schon streckte sich Ihnen eine Hand entgegen, mit der Sie nun gar nicht gerechnet hätten. Ihr bisheriger Weg erwies sich als Sackgasse, und Sie kamen zu dem Entschluss, sich um 180 Grad zu drehen und einen völlig neuen Weg zu gehen – und plötzlich strömten die positiven Energien auf Sie zu, anstatt Sie im Dunkeln stehen zu lassen.

In ökonomischen Zusammenhängen gibt es mehrere Versuche, die Figur des Weisen zu institutionalisieren und systematisch zu verankern. Seit 1963 gibt es in Deutschland den Sachverständigenrat zur Begutachtung der gesamtwirtschaftlichen Entwicklung. Gemeinhin nennt man dieses Gremium die Wirtschaftsweisen. Jedes Jahr bewerten diese fünf Weisen die wirtschaftliche Entwicklung, um allen Interessierten und ökonomischen Akteuren hinsichtlich ihrer Urteilsbildung unter die Arme zu greifen. Bei Unternehmensgründungen und Start-ups helfen nicht selten Gründungspaten und Business Angels, wobei der Akzent bei Ersteren eher auf der Beratung, bei Letzteren eher auf der Finanzierung liegt. Jeweils ist die Hilfe bei der Vernetzung der Neuunternehmen zentral. Obwohl die Orientierung gebenden Weisen, Paten und Engel von außen helfen, ist dadurch eine innere Instanz natürlich nicht zu ersetzen. Der Begriff ist zwar in die Jahre gekommen und hat etwas Patina angesetzt, die Sache selbst ist für ökonomische Expeditionen aber immer noch so unerlässlich wie eh und je: der Unternehmergeist. Er ist ein innerer Mentor, der mutig und entschlossen gegen alle Widerstände die Eroberung der Märkte vorantreibt. Er ist ein naher Verwandter des »inneren Kindes«, einer Kraftquelle in uns, die weise und jung zugleich ist, gewissermaßen unser Mentor junior.

WER SIND IHRE MENTOREN?

7. REFLEXION

Nicht immer ergibt sich »einfach so«, wer der Mentor ist. Mit den folgenden Fragen können Sie versuchen herauszubekommen, wer Ihr Mentor sein könnte, wer die Rolle auf Ihrer Heldenreise ausfüllen könnte:

- Welche »helfenden Hände«, welche Mentoren sind aufgetaucht, nachdem Sie sich entschieden haben, das Neue zu wagen?

- Wie haben Sie diese Unterstützung erlebt? Welche Besonderheiten gab es – und welche Schwierigkeiten?

- Welche Kompetenzen und welches Wissen stellte Ihnen der Mentor zur Verfügung?

- Wer aus Ihrem Freundeskreis könnte die Rolle des Mentors übernehmen? Wer könnte Sie auf Ihrer Heldenreise begleiten – und auf welcher Etappe?

- Was sollte dieser Mensch können, welche Fähigkeiten sollte er mitbringen?

Mentor jr. – das »innere Kind«

Sie sehen keinen Mentor weit und breit? Sie warten darauf, dass ein weiser alter Mann mit einem imposanten Bart Sie anspricht und Ihnen den erhofften guten Rat frei Haus liefert, aber es passiert einfach nichts? Suchen Sie nicht dort draußen nach ihm, sondern schauen Sie nach innen. In jedem von uns gibt es eine weise Figur, die für uns die Rolle des Mentors auf wunderbare Weise erfüllen kann und uns intuitiv zur Seite steht. Sie ist allerdings nicht älter als wir, sondern unser jüngeres Selbst, das »innere Kind«.

Das »innere Kind« ist wissenschaftlich analysiert

Sie erinnern sich bestimmt, wie Sie als Kind unbekümmert und frei herumgetollt sind, wie Sie wild mit anderen gerangelt haben und die Gegend unsicher gemacht haben. Als Kinder sprechen wir die Dinge, die uns beschäftigen, mit einer naiven Direktheit an und aus, die uns bei unserem Erwachsenwerden verlorengeht.

Aber genau dieses Kind von damals lebt auch heute noch in uns, mit all seiner Lebendigkeit, Unverstelltheit und ungebrochenen Kraft. Allerdings sind uns diese kindlichen Anteile meistens nicht mehr bewusst. Unsere Kindlichkeit ist verschüttet, aber sie kann wieder geborgen werden. Wir können die Kraft und Energie von damals wieder reaktivieren und für unsere heutigen Ziele mobilisieren.

In vielen psychologischen Analyse- und Therapieformen wird mit der Figur des inneren Kindes gearbeitet. Roberto Assagioli hat in dieser Hinsicht Pionierarbeit geleistet. Schon Anfang des 20. Jahrhunderts entwickelte er sein Konzept der Teilpersönlichkeiten. Er beschrieb die in uns mit- oder gegeneinander agierenden inneren Energien. Erst mit dem Verständnis der Teile unserer Persönlichkeit wird ein Verständnis unserer Ganzheit möglich, so der Grundgedanke. Schon in seinem Konzept besetzt das innere Kind eine zentrale Rolle.

Die Transaktionsanalyse des US-amerikanischen Arztes Eric Berne setzte die Arbeit Assagiolis fort. Berne entdeckte, dass in jedem Menschen ein »Ego Image« aus der Kindheit steckt, ein Kindheits-Selbstbild, das er für psychotherapeutische Zwecke nutzbar machte. Er wandte sich von diagnostischen Begriffen ab und versuchte anhand der realen Kindheits-Images die tatsächlichen Probleme zu verstehen.

Friedemann Schulz von Thun, ein hierzulande wirkender Psychologe und Kommunikationswissenschaftler, beschreibt mit seinem »inneren Team« ein ähnliches Konzept. In uns treffen verschiedene Stimmen aufeinander, unsere »innere Pluralität«. Schulz von Thun akzentuiert, dass dieses Stimmengewirr entweder harmonisch gelingen oder kakophonisch misslingen kann. Die verschiedenen Persönlichkeitsanteile, ihre unterschiedlichen Bedürfnisse und Vorstellungen, können zusammenklingen und ein echtes Team bilden oder gegeneinander arbeiten und in ewigem Hader liegen.

Virginia Satir, die »Mutter der Familientherapie«, beleuchtet in ihrem Buch *Meine vielen Gesichter – Wer bin ich wirklich?* eine innere Bühne, auf der die unterschiedlichen Persönlichkeitsanteile ihre Auftritte inszenieren. Satir will uns ermutigen, die polyphonen Klänge, die Ambivalenzen und verschiedenen Gesichter, die den Schauplatz unserer Seele bevölkern, anzunehmen, anstatt die Pluralität der Gesichter auszutreiben.

Zu den lesenswerten neueren Veröffentlichungen zum Thema gehören Erika J. Chopichs und Margaret Pauls *Aussöhnung mit dem inneren Kind* sowie John Bradshaws *Das Kind in uns*. In beiden Publikationen steht das Problem im Mittelpunkt, dass es in den Erziehungsprozessen unserer Jugend zum Bruch zwischen dem, der nun endlich seine Erwachsenenrolle übernehmen soll, und dem inneren Kind kommt. Wieder in den Dialog mit ihm zu treten und sich mit ihm zu versöhnen, so die Autoren zu Recht, ist eine ungemein anspruchsvolle, aber noch mehr eine äußerst lohnende Aufgabe, durch die wir die Chance erhalten, zu erfüllten, nicht mehr zerrissenen Persönlichkeiten zu werden.

Das »innere Kind« ist Ihr idealer Mentor (und treuester Gefährte)

Das innere Kind ist also keine abstrakte Theoriefigur, sondern ein reales inneres Wesen, mit dem wir als Erwachsene in Dialog treten können. Es sagt uns in seiner unmissverständlichen, entwaffnend direkten Art, was es will und braucht, und ist damit ein idealer Taktgeber für unsere aktuellen Gefühlslagen.

Das innere Kind stellt uns genau jene Fähigkeiten zur Verfügung, die wir für die Heldenreise und für die Meisterung des

Lebens dringend brauchen: Neugier, Kreativität, Vertrauen, Mut, Offenheit, Klarheit, Frische, Spontaneität und Lebensfreude. Und es hat die nötige Sensibilität, die der Held braucht, um nicht übermütig zu werden. Es *ist* unsere sensible Seite, für die wir sorgen, die wir pflegen und behüten – oder (leider) eben nicht.

Das innere Kind ist damit eine unschätzbar wertvolle innere Quelle für unsere Schaffens- und Lebenskraft. Der liebevolle Kontakt und intensive Dialog mit dieser in uns verborgenen Persönlichkeit ermöglicht uns den Zugang zu ihren Qualitäten und lässt uns der Mensch werden, der wir eigentlich von unseren Anlagen her schon sind. Anders gesagt: Wir, als Erwachsene, sind eine mögliche Manifestation – wir, als Kinder, sind ein Bündel von Möglichkeiten, aus dem weitaus mehr Manifestationen hätten hervorgehen können. Das Kind ist also reicher an Möglichkeiten, und wenn wir, als Erwachsene, auf diese Möglichkeiten zurückgreifen können, dann werden wir dadurch unendlich beschenkt, können Potenziale anzapfen, die für uns eigentlich längst verschüttet und unzugänglich geworden sind. Das innere Kind ist ein »Jungbrunnen« in dem Sinne, dass es uns Türen wieder öffnet, die wir irgendwann verpasst haben zu nehmen. Es ist eine ewige Quelle – während wir resultierende Gewässer sind (ob Rinnsal oder Delta, Ozean oder Tümpel sei dahingestellt).

Das innere Kind steht für Erneuerung und Wandel und ist deshalb unzertrennlich und eng mit der Abenteuerreise des Helden verknüpft. In ihm zeigt sich das Drängen der Seele, in ihm klingt unsere Lebensmelodie an. Es steht auf der Seite des Lebens und der Lebendigkeit und fordert uns ebenso wie der Held dazu auf, uns stetig weiterzuentwickeln. Es fordert uns auf, den Mut zu haben, immer wieder aufzubrechen, das Risiko einzugehen, Neuland zu betreten, ohne uns von den Verpflichtungen des Alltags abhalten zu lassen. Das innere Kind ist damit der ideale Mentor und ein treuer Gefährte.

Dass das innere Kind ganz verschiedene Formen annehmen kann, möchte ich Ihnen an wenigen Beispielen illustrieren:

Angela, eine Klientin von mir, hat diese innere Unterstützung auf sehr eindrucksvolle Weise erfahren. In langen Sitzungen, in denen sie ihre Zukunftspläne klären wollte, verdichtete sich ein wunderschönes Symbol der Zuversicht. Vor ihrem inneren Auge sah sie das Bild einer geöffneten Kinderhand, die sich ihr entgegenstreckte, als wolle sie sagen: »Komm, lass uns gemeinsam weitergehen!« Immer, wenn sie ins Wanken kam und ihre Zuversicht erschüttert wurde, erinnerte sie sich daran. Das Bild wurde ihr zum Mentor, der sie in die Zukunft führte.

John, ein Unternehmensberater, der in Deutschland gestrandet war, hatte zwischenzeitlich eine Auftragsebbe zu durchstehen. Er begann, an seinem Können und seinen Fähigkeiten zu zweifeln und geriet in eine ernsthafte Krise. Während unserer Coachings streifte er immer wieder Kindheitserlebnisse, und ich ermutigte ihn, dieser Spur zu folgen. Er beschrieb sich als Kind stets als stark, ja, in gewisser Weise als unverwundbar und unsterblich. Durch die Besinnung auf sein früheres, unbezwingbares kindliches Selbst schöpfte er neue Kraft und konnte wieder unbefangener, offensiver auf potenzielle Auftraggeber zugehen. Das Ergebnis können Sie sich denken: Nach der Ebbe kam die Flut.

Petra, eine Finanzmaklerin, hatte vor einiger Zeit aus persönlichen Gründen die Stadt gewechselt – und damit auch Teile ihres angestammten Kundenkreises verloren. Sie musste einen Anlauf auf den Erfolg nehmen, der sich aber schwieriger gestaltete als erwartet. In ihr hatte sich dagegen Widerstand aufgebaut, in der neuen Umgebung noch einmal ganz klein und von vorne anfangen zu müssen. Als sie sich aber an ihre Kindertage zurückerinnerte, da alles ein großer Anfang gewesen war, als alles neu war, fielen die psychischen Barrieren und sie konnte mit neuer Lust wieder anfangen, wie sie es vor Jahren schon einmal gemacht hatte.

8. REFLEXION

DEN KONTAKT ZU IHREM »INNEREN KIND« VERTIEFEN

Das innere Kind ist nicht weit, manchmal aber doch unendlich fern. Mit der folgenden Reflexion können Sie sich auf die Suche nach Ihrem früheren Selbst begeben und es zum Teil Ihrer Gegenwart machen:

- Blättern Sie in einem alten Fotoalbum, und finden Sie heraus, welches Bild aus Ihrer Kindheit Sie besonders anspricht.

- Schließen Sie dann die Augen, und versuchen Sie, dieses Bild vor Ihrem inneren Auge sichtbar zu machen. Wie verändert es sich in Ihrer Vorstellung?

- Gehen Sie, ohne die Augen zu öffnen, auf die Suche nach Ihrem inneren Kind. Bedenken Sie: Kinder verstecken sich manchmal und treiben Schabernack.

- Haben Sie es entdeckt? Wie sieht es aus? Welche Atmosphäre geht von ihm aus? Wie schaut es Sie an?

- Stellen Sie sich nun vor, Sie könnten mit dem Kind sprechen. Was würde es antworten, wenn Sie fragten, wie es ihm geht?

- Stellen Sie weitere Fragen, die Ihnen auf der Zunge brennen. Was hält es von Ihnen? Was kann es für Sie tun? Was können Sie für das Kind tun?

- Sprechen Sie mit ihm über seine Wünsche an Sie – und umgekehrt Ihre Wünsche an das Kind. Treten Sie so mit dem Kind in einen regelmäßigen Dialog ein.

Zwölf Mentoren und ein Kind

Carol S. Pearson, US-amerikanische Professorin für Leadership Studies, hat in ihrem Buch *Die Geburt des Helden in uns. Transformation durch die zwölf Archetypen* ein ganzes Arsenal an inneren Mentoren bzw. Lehrern kartografiert. Der Unschuldige, Verwaiste, Krieger, Geber, Suchende, Liebende, Zerstörer, Schöpfer, Herrscher, Magier, Weise sowie der Narr sind nach ihr die zwölf Archetypen, die uns auf unserer Reise begleiten und zur Seite stehen können. Bezeichnenderweise fehlt in Pearsons Auflistung das innere Kind. In ihrem Konzept der Heldenreise sind die zwölf möglichen Lehrer tatsächlich Mentoren des Kindes. Das Kind hat noch kein fix umgrenztes Ich. Die archetypischen Instanzen formen erst die »Grundbausteine unseres Ich-Bewußtseins«, so die Psychologin. Sie begleiten das Ich auf seinem Weg zu sich selbst.

Für ein Kind ist alles Veränderung

Gerade deswegen ist das innere Kind für unsere Heldenreise ein so wichtiger Begleiter. Weil es noch nicht die verfestigten Strukturen des Erwachsenen hat, stehen ihm noch unvergleichlich mehr Möglichkeiten offen. Während wir, die schon einen weiten Weg gegangen sind, oft nur Sackgassen und versperrte Möglichkeiten wahrnehmen, ist das innere Kind noch nicht von allen Seiten umzingelt. Es ist freier, naiver und offener in jeder Hinsicht. Wenn wir uns auf es besinnen, können wir an seiner Unvoreingenommenheit und seinem noch unenttäuschten Mut teilhaben. Der Aufbruch zur Veränderung fällt dem Kind ungleich leichter als dem, der schon lange keins mehr ist, denn schließlich ist für das Kind noch alles Veränderung.

Zusammen mit Margaret Mark hat Pearson ihr Archetypenmodell des Helden in den Bereich des Marketings eingebracht. In *The Hero and the Outlaw: Building Extraordinary Brands Through the Power of Archetypes* differenzieren die Autorinnen zwischen Marken, die oberflächlich und eindimensional bleiben, und jenen, die es verstehen, einen mehrdimensionalen Bezug zu den Tiefenstrukturen der Archetypen herzustellen. Wieder tauchen die zwölf Mentorenfiguren auf, und nur jene Produkte und Marken mit einer archetypischen DNA sind dazu bestimmt, langfristig vom Erfolg getragen zu werden. Archetyp, das meint nichts anderes als »Urbild« und ist also eine »ewige«, »zeitlose« Vorstellung, die den Menschen sozusagen »eingeboren« ist. Wenn Marken es schaffen, so der einfache und bestechende Gedanke, sich an diese überindividuellen und überzeitlichen Bilder anzuschließen, dann können sie auf diesem Weg das größtmögliche Zielpublikum exakt ansprechen.

Längst also hat die Archetypentheorie, die lange zum Außenseiterflügel der Psychoanalyse gehörte und in esoterischen Kreisen zirkulierte, die Oberwelt des Marketings und Brandings erobert.

7. Kampf an der Schwelle

Ich stelle mir die Erleuchtung wie ein Tor vor, durch das man schreiten muss. Wahrscheinlich darf man keine Angst haben, durch das Tor zu treten, und man darf es sich andererseits auch nicht zu sehr wünschen, hindurchzugehen. Je gleichgültiger man durch das Tor der Erleuchtung zieht, desto schneller und einfacher passiert es vielleicht?

HAPE KERKELING

Das große Hindernis

Vor dem Gesetz steht ein Türhüter. Zu diesem Türhüter kommt ein Mann vom Lande und bittet um Eintritt in das Gesetz. Aber der Türhüter sagt, daß er ihm jetzt den Eintritt nicht gewähren könne. Der Mann überlegt und fragt dann, ob er also später werde eintreten dürfen. »Es ist möglich«, sagt der Türhüter, »jetzt aber nicht.« Da das Tor zum Gesetz offen steht wie immer und der Türhüter beiseite tritt, bückt sich der Mann, um durch das Tor in das Innere zu sehen. Als der Türhüter das merkt, lacht er und sagt: »Wenn es dich so lockt, versuche es doch, trotz meines Verbotes hineinzugehen. Merke aber: Ich bin mächtig. Und ich bin nur der unterste Türhüter. Von Saal zu Saal stehen aber Türhüter, einer mächtiger als der andere. Schon den Anblick des Dritten kann nicht einmal ich mehr ertragen.«

Der Mann vom Lande läßt sich einschüchtern und beschließt zu warten, bis ihm der Einlaß gewährt wird. Er wartet Jahr um Jahr, bittet ab und an erneut, eintreten zu dürfen – allerdings vergeblich. Er wird alt, seine Augen schwach, und als das Ende naht, fragt er den Türhüter, warum während der langen Zeit niemand sonst kam und bat, hindurchgehen zu dürfen. Der Türhüter antwortet: »Hier konnte niemand sonst Einlaß erhalten, denn dieser Eingang war nur für dich bestimmt. Ich gehe jetzt und schließe ihn.«

Franz Kafkas Parabel gehört bestimmt nicht zu den am meisten gelesenen Geschichten, aber es ist vielleicht diejenige, über die sich die Leser den Kopf zerbrochen haben wie über keine andere. Wenn man die Türhüterlegende als misslungene Odyssee, als schnell abgebrochene Fahrt des Mannes vom Lande in sein eigenes Abenteuer versteht, dann ist der Türhüter nichts anderes als der »Dämon des Widerstands«. Er sagt dem Mann, er dürfe nicht über die Grenze gehen. Als es dann zu spät ist, stellt sich jedoch heraus, dass der Widerstand nur scheinbar war – jederzeit hätte der Mann sie passieren können. Sie erinnern sich an den alten Mann, der kurz vor seinem Tod erkennt, dass er sein Leben verpasst hat? Auch er ist der Mann vom Lande!

Die Moral von der Geschichte, die Lehre, die wir als grundsätzlich Abenteuerlustige daraus ziehen können, ist die, dass wir uns nicht von falschen inneren Türhütern abhalten lassen sollten, um den ersten Schritt über die Schwelle zu setzen. Der Türhüter hat nur scheinbar die Macht, uns den Eintritt zu verwehren. Er ist ein eingebildeter Dämon, ein Spukgespenst in unserem Kopf. Unnütz ist es, sich mit ihm langwierig auseinanderzusetzen. Hingegen hilfreich kann es sein, ihn und sein Energiepotenzial mit auf die Reise zu nehmen.

Über die Schwelle

In diesem Kapitel geht es für den Helden darum, die Schwelle tatsächlich zu überschreiten und die gewohnte Welt zu verlassen. Doch zuvor gilt es, die Prüfung an der Schwelle zur Welt des Abenteuers zu bestehen, an der Kafkas Mann vom Lande noch scheiterte.

Die Künste – ein Sammelbecken für Dämonen

Die Legende um Vincent van Gogh besagt, er habe während seines Lebens nur ein einziges Bild verkauft. *Der rote Weinberg* ist tatsächlich der einzige verbürgte Verkauf, vielleicht hat aber doch das eine oder andere Bild den Besitzer gewechselt. Wie dem auch sei, van Gogh war alles andere als ein Honorarmaler, dem es in den Sinn gekommen wäre, für einen Markt zu produzieren. Ganz im Gegenteil, er war ein getriebener Künstler, nie allein, sondern immer in Begleitung seiner Dämonen. Seine manischen Schaffensphasen, seine nervösen, depressiven Anfälle, sein Wahn, die Selbstverstümmelung am Ohr, schließlich seine Selbsttötung – das alles gehört unzertrennlich zum Mythos dieses Künstlers. Van Gogh ist der Stammvater der modernen Kunst, einer Kunst, die radikal selbstbezüglich ist. Die Kunst früherer Jahrhunderte kannte viele gute Gründe, weswegen ein Gemälde in Auftrag gegeben werden konnte – Gott preisen, die Familie porträtieren, die Landschaft darstellen ... die radikale Expression des Selbst gehörte allerdings lange nicht zu den legitimen und üblichen Motiven, um zum Pinsel zu greifen. Mit van Gogh und später mit dem Expressionismus rückt genau das in den Mittelpunkt aller Kunst. Von nun an erzählen die Bilder bevorzugt von inneren Dämonen. Eine wahre Dämoneninflation setzt ein und erobert auch andere als die darstellenden Künste.

Von Elvis Presley bis Kurt Cobain, von Janis Joplin bis Michael Jackson – insbesondere die Popmusik des 20. Jahrhunderts ist ein einziges Dämonenreich. Die Besessenheit schreibt die besten Songs, führt oft genug aber auch zum frühen Tod. Und auch im Film tummeln sich die schwierigen Charaktere. Der bekannteste hauptamtliche Zelluloid-Dämon Deutschlands war Klaus Kinski, ein Exzentriker und Psychopath im Leben wie im Film. Seine Interviews und Talkshow-Auftritte waren berüchtigt, seine Zornesausbrüche gefürchtet. Kaum eine Anekdote charakterisiert ihn besser als jene während der Dreharbeiten von Werner Herzogs *Fitzcarraldo*: Die Titelfigur, ein Opernnarr, will mitten im Urwald des Amazonas ein Opernhaus errichten. Dafür wird ein Dampfer über einen kleinen Berg gezogen, um ihn in den nächsten Fluss zu bringen. Anstatt dieses Wahnsinnsunterfangen im Studio und mit Tricks zu realisieren, engagierte man einen Eingeborenenstamm, um das Schiff tatsächlich über den Berg zu bugsieren. Die Ureinwohner, denen schon dieses Vorhaben unglaublich seltsam erschienen sein muss, waren erst recht von Kinskis Auftreten und seinen Ausbrüchen schockiert.

Also machten sie Werner Herzog ein praktisches Angebot: Sie schlugen dem Regisseur vor, den wahnsinnigen Schauspieler um die Ecke zu bringen, damit endlich Ruhe sei ...

Zur Spezies der leibhaftigen Dämonen auf der Leinwand gehört auch Ben Becker. Ab und zu eine Schlägerei, ein Skandälchen hier und da, spektakuläre Auftritte und Interviews, bei denen er kein Blatt vor den Mund nimmt, haben ihn stets begleitet. Als er jedoch im August 2007 leblos aufgefunden und reanimiert werden muss und auf der Intensivstation aufwacht, ist eine gefährliche Grenze überschritten. Ein Jahr später geistern Stichwörter wie »Auferstehung« oder »Erzbengel« und »göttliches Comeback« durch die Presse. Der Mann mit dem rauen Charme und der sonoren Stimme präsentierte sein neuestes Vorhaben: »Die Bibel – eine gesprochene Symphonie«. Es könnte sich, aber das ist reine Spekulation, um ein groß angelegtes Projekt zur Integration der eigenen Dämonen handeln, in dem es darum geht, ihnen eine Stimme zu verleihen, ohne gleich von einem dunklen Abgrund verschlungen zu werden.

Hinter der »Schwelle ohne Wiederkehr« liegt das Unbekannte

Die »erste Schwelle« hat der Held im Stadium der Verweigerung schon genommen. Nun steht der Schritt über die »zweite Schwelle« an. Joseph Campbell nennt sie auch die »Schwelle ohne Wiederkehr«. Mit der Überquerung ist die alte Ordnung endgültig und unwiederbringlich aufgehoben. Wenn der Held sich ihr nähert, begegnet er wahrscheinlich Wesen, die sich ihm in den Weg stellen – »den Schwellenhütern«. Sie versperren ihm den Weg. Sie symbolisieren die Grenzen des gegenwärtigen Lebenszirkels des Helden. Dahinter liegt das Unbekannte, die Zone unseres möglichen Wachstums, etwas Ungewisses, vielleicht auch Dunkelheit, ziemlich sicher Gefahr.

Hier wird der Held geprüft, hier geht es um die Auseinandersetzung zwischen zwei Polen. Auf der einen Seite der Held, der für Wagnis, Risikofreude und Abenteuerlust steht. Er sucht nach Verwirklichung, Entfaltung, nach der Realisierung der Latenz, nach Individuation und Entwicklung. Durch ihn verschafft sich das Drängen der Seele Gehör, in ihm klingt unsere Lebensmelodie an.

Der Gegenpol des Helden sinnt auf Geborgenheit, Zugehörigkeit, Halt und Sicherheit. Aber Geborgenheit ist die Verhinderung von Veränderung, Zugehörigkeit das Zurückschrecken vor der Terra incognita, Halt bedeutet auch anzuhalten, und die Sicherheit schließt das Lebenswagnis aus. Genau das ist das Dilemma in uns. Diesen Konflikt gilt es zu bewältigen, um den Entwicklungsschritt wirklich zu gehen.

Sicherheit schließt das Lebenswagnis aus: das ist das Dilemma in uns

Der Held sieht sich dem Dämon des Widerstandes gegenüber. In meinen Seminaren ist dieser Aspekt im Prozess energetisch eindrucksvoll zu beobachten. Die Teilnehmer versetzen sich abwechselnd in die Lage des Dämons und in die des Helden, erforschen so die diametralen Gefühls- und Bedürfniswelten. Manche »Dämonen« sind energetisch so aufgeladen, dass man ihr Energiefeld förmlich spüren kann, während andere im Verborgenen agieren. Zwischen offener Aggression und versteckter Hinterlist changiert ihre Gestalt.

Diese beiden Anteile, der Teil, der Veränderung will und braucht, und der Teil, der bewahren und festhalten will, kämpfen an der Schwelle miteinander. Allerdings geht es in diesem Kampf nicht um Sieg oder Niederlage, sondern um Transformation. Die Gegensätze lösen sich aus ihrer Verhaftung, die Bedürfnisse beider Seiten werden von der jeweils anderen anerkannt und gewürdigt. Erst wenn alle Emotionen und Empfindungen vollständig ausgedrückt sind, kann es zur Verwandlung kommen. Die beiden Teile gehen aufeinander zu, ergänzen sich – manchmal entsteht in unserer Fantasie daraus sogar ein neues Wesen.

Gegensätze lösen sich aus ihrer Anhaftung

Aus den vorher konkurrierenden Aspekten wird einer – es kommt zur Synthese. Aber halt! Es geht bei dieser Auseinandersetzung nicht darum, bloß leichtfertig und vordergründig das Andere zu akzeptieren, sondern um die wirkliche gegenseitige Annahme der beiden Bedürfniswelten und folglich darum, eine echte Entwicklung zu ermöglichen. Geschieht das nicht, wird die Zerrissenheit, die zwischen den beiden Gegenpolen existiert, nicht überwunden, sondern sogar vertieft. Wir werden dann bis zum Zerreißen zwischen den unvermittelten Seiten unserer Persönlichkeit aufgespannt, zwischen der Bejahung, dem Wollen, und der Verneinung, dem Nichtdürfen. Die Impulse versanden und können nicht fruchtbar gemacht werden.

Manchmal sind wir geradezu stolz darauf, die Entwicklungsimpulse unterdrückt und das Leben wieder wie gehabt »in den Griff« bekommen zu haben. Aber zu welchem Preis? Obwohl viele ahnen, wohin ihr Weg führen sollte, was sie tun sollten, verweigern sie sich und verbannen den Weg der Veränderung von ihrer inneren Landkarte und aus ihrem Bewusstsein. Aber das Drängen in ihrer Seele wird nicht weichen, es will und wird gehört werden.

Beide Energien, die verweigernde und die vorwärtsdrängende, existieren in uns. Wir entscheiden selbst darüber, wie wir sie erleben. Ob sie sich konträr verhalten und sich somit neutralisieren oder ob es uns gelingt, beide Energien auf unsere Seite zu ziehen. Es geht darum, die versteckten Kräfte und schlummernden Energien für die eigenen Ziele zu gewinnen.

Der Held steht seinem Schatten gegenüber

Wenn wir gegen den Dämon Stellung einnehmen und der Dämon gegen uns, dann verfügen wir nicht etwa über unsere halbe Kraft, sondern über weit weniger, denn wir verbrauchen nicht nur die »böse«, sondern verschwenden auch unsere »gute« Kraft. Schaffen wir es aber, aus dieser starren, kräfteraubenden Opposition auszubrechen und unsere Energieströme in die richtige Richtung zu lenken, dann werden wir doppelt belohnt. Wir kreieren dann ein freies Schwingen zwischen Wandlung und Fortschritt einerseits und Sicherheit und Vorsicht andererseits. Wenn wir die beiden Grundbedürfnisse, des Helden nach Entwicklung und des Dämons nach Bewahrung, in Einklang bringen, gerät unser Leben in Fluss und unsere Energien in ein produktives Oszillieren – genau darum geht es in der Auseinandersetzung mit dem Widersacher, nicht um einen Kampf auf Leben und Tod.

Joseph Campbell nennt diese Station »Konfrontation mit dem Dämon«. Je intensiver und tiefer die Auseinandersetzung mit dem inneren Dämon gestaltet wird, desto besser gelingt die Transformation der Energieströme. Das zuvor dämonisch Bedrohliche verwandelt sich, sein wertvoller, unterstützender Kern enthüllt sich, die einst aufrührerischen Energien lassen sich integrieren. Doch dies geschieht nur, wenn beide Positionen ihre Bedürfnisse und Emotionen ausgedrückt haben, wenn das dahinter liegende Wertvolle sichtbar werden kann. Auf geheimnisvolle Weise wandelt sich dann das vormals Schreckende und Konfrontierende in eine unterstützende Kraft. So wird aus dem Schreckgespenst ein Wegbegleiter für die weitere Reise.

Das Positive im Schatten entdecken

Es ist die Auseinandersetzung mit uns selbst, unseren inneren Dämonen, die uns auf Herz und Nieren prüft und uns über die Schwelle trägt. In diesen konfrontativen Momenten zeigen sich auf der Dämonenseite die ungeliebten, manchmal auch ungelebten, verdrängten Anteile des Selbst. Der Held steht seinem Schatten gegenüber, um es mit den Worten C. G. Jungs zu sagen. Er wird konfrontiert mit geleugneten, missachteten, verdrängten Ich-Anteilen. Mit irritierenden Verhaltensweisen, problematischen Eigenschaften, massiven Forderungen und heftigen Emotionsausbrüchen fordert der schattenhafte Dämon sein Recht. Erst wenn wir ernsthaft darauf eingehen, können wir die verhängnisvolle, lähmende Polarität von Held und Dämon, von Regress und Progress, von Bejahung und Verneinung auflösen.

Daimon und Dämon

Indem man die Figur des Helden unterdrückt,
versucht man etwas Ambivalentes zu meiden.
Denn die Helden, wie zum Beispiel Herakles,
Ajax oder auch Sokrates, sind oft nicht ganz bei sich;
mitunter scheint ein Gott sie zu verwirren,
oder sie müssen, wie sie sagen, einem »Dämon« folgen.

ROBERT PFALLER

Für die innere Auseinandersetzung hat sich im Volksmund ein Spruch gebildet: »Den inneren Schweinehund besiegen.« Die Konfrontation wird mit diesen Worten als Kampf begriffen, der gewonnen werden oder verloren gehen kann. Dahinter kann man sehr häufig ein Wechselbad der Gefühle ausmachen. Wer mit dem Schweinehund kämpft, ist mal mutig und selbstbewusst, im nächsten Moment hat sich das Blatt gewendet, und der imaginäre Feind treibt einen an den Rand des Abgrunds, kämpferisch wird dagegengehalten. Zu einer Entscheidung kommt es jedoch selten genug. Wir durchleben so die gesamte Bandbreite unserer Emotionen, sind mal nah dran, uns aufzugeben, mal fast am Ziel. Eine echte Lösung finden wir in der Regel aber nicht.

Unsere Entwicklung, das Betreten von Neuland, wird im Kampf mit dem inneren Widerpart systematisch verhindert. Unsere Kräfte werden in dieser Konstellation gebunden, in der Agonie, im Kampf mit uns selbst verschwendet. Wir täten gut daran, diese verhängnisvolle Situation nicht unendlich fortzuschreiben. In ihr werden wir ausgebremst und verpassen unsere Ziele.

Der antike Daimon wurde zum christlichen Beelzebub

Wie aber sonst damit umgehen? Ich stelle, um eine Lösung anzubieten, eine wichtige Frage: Was ist überhaupt ein Dämon? Nicht nur der Dämon selbst, sondern schon die Geschichte des Wortes ist nämlich hochinteressant. Es stammt aus dem Griechischen. Der antike Daimon war allerdings alles andere als ein Ungeheuer des Selbst, sondern eine Personifikation des Schicksals, der göttlichen Bestimmung. Insofern war er nicht unbedingt eine Figur der Bedrohung, sondern nicht selten ein gutwilliger Begleiter. Durch den Daimon wurde dem Menschen seine Bestimmung angezeigt. Erst im neuzeitlichen Christentum wird aus ihm der teuflische Dämon. Im Zuge der Zurückdrängung heidnischer und naturreligiöser Strömungen, in denen Dämonen eine große Rolle spielten, diskreditierte das Christentum den einst angesehenen Schicksalsverkünder. Er wird zum Beelzebub, der dem Menschen im Nacken sitzt, ob er will oder nicht.

Dass der einst wenigstens neutrale, tendenziell sogar gut beleumundete Daimon in Verruf gebracht wurde und als Dämon eine teuflische Gestalt verpasst bekommen hat, ist an dieser Stelle von größter Wichtigkeit. Wir alle ahmen diese Verteuflung nur allzu gerne nach. Wir alle identifizieren die Dämonen in uns mit dem Schlechten und Bösen, wir sehen in ihnen unsere Feinde, die es zu bekämpfen und auszutreiben gilt, anstatt uns mit ihnen zu versöhnen. Dass dies der falsche Weg ist, hat Tsültrim Allione mit ihrem Wirken und in ihrem Werk gezeigt.

Den Dämon füttern

Allione hat in ihrem Buch *Den Dämonen Nahrung geben* einen beachtlichen Weg aufgezeigt, mit den dunklen Gestalten in uns umzugehen. Nicht Kampf auf Leben und Tod, sondern Versöhnung mit den Dämonen ist ihr Vorschlag. Kämpfen wir gegen die Dämonen, dann wird unsere Kraft in dieser Konstellation doppelt gebunden. Zum einen verbraucht die dämonische Seite in uns Energie, zum anderen wird sie durch den Kampf gegen die »dunkle Seite in uns« gebunden. Die Rechnung, die Allione aufmacht, resultiert in einem doppelten Soll. Wir lassen die Energien in uns aufeinander los und verbrauchen sie, anstatt beide Seiten für uns zu gewinnen. Wir verschwenden unsere Kräfte, anstatt sie für unsere Projekte, unseren Erfolg, unser Leben zu gewinnen. Wir vertiefen dadurch unser Unglück, anstatt unser Glück zu gestalten.

Allione greift ein uraltes buddhistisches Ritual auf, das Tschöd, das Matchig Labdrön schon um 1100 entwickelt hat. Sie transferiert es in die aktuelle westliche Welt und macht uns den Vorschlag, die Dämonen in uns »zu füttern«. Gemeint ist damit nichts anderes, als den gutwilligen Kontakt zu ihnen zu suchen, statt sie zu bekämpfen und einen Großteil der eigenen Energien zu binden. Wenn wir unsere Energien jenseits aller Zuschreibungen, jenseits von Gut und Böse, zur Synthese bringen, dann können wir – energiegeladen – weitaus erfolgreicher leben und arbeiten. Wir werden dann Schaffenskraft spüren, wo zuvor Lethargie herrschte. Wir werden dann mit vereinten Kräften ans Werk gehen können, wo vorher Zwietracht alle Zukunft verhindert hat.

Sebastian, der sich gerade in einer aufwühlenden beruflichen Umbruchphase befindet, erzählte während einer Coaching-Sitzung folgenden Traum: »Ich wandere auf einem Schotterweg in üppig grüner Landschaft und spüre so etwas wie Vorfreude, als würde etwas auf mich warten. (Als ich aufwachte, musste ich sofort an meine letzte Bewerbung denken.) Plötzlich taucht aus dem Nichts vor mir ein mächtiger Drache auf. Fauchend donnert er mir entgegen: ›An mir kommst du nicht vorbei! Dein Weg ist hier zu Ende!‹ Plötzlich habe ich ein Schwert in der Hand und kämpfe mit dem Drachen. Ich schreie ihm entgegen: ›Das ist mein Weg, und ich gehe weiter!‹ Hämisch lacht er und spuckt fauchend Feuer. Entschlossen gehe ich weiter auf den Drachen zu, das Schwert fest in der Hand. Ich hebe es und will gerade zustechen, da bin ich schweißgebadet aufgewacht. Dieses Bild von dem Drachen mit dem aufgerissenen Rachen und den großen, glühenden Augen verfolgt mich seit Tagen.«

Wir schauten uns die Traumbilder genauer an. Ich ließ Sebastian in die Energie seines Drachendämons hineinspüren und die Bedürfnisse, die er repräsentierte, erforschen. In diesem Prozess merkte Sebastian, dass er dazu neigte, sich schnell begeistern zu lassen. Ihm wurde klarer, dass er sich oft unüberlegt und gutgläubig in Neues stürzte. Das, was der Drache in ihm vermitteln wollte, war, mit mehr Bedacht an die Sachen heranzugehen, genauer hinzusehen und behutsamer abzuwägen. Damit wurde aus dem bedrohlichen Drachen ein besonnener Ratgeber. »Es ist nicht alles Gold, was glänzt, also schau genauer hin«, gab er ihm mit auf seinen weiteren Weg, versuchte aber nicht mehr, ihn gewaltsam aufzuhalten. Sebastian ging seinen Weg, wagte die Veränderung, aber nicht naiv, nicht blind für Fallstricke, Risiken und Nebenwirkungen. Mit einem Wort: Er ging seinen Weg bewusster.

Die Nachtmeerfahrt

Das Überschreiten der Schwelle ist ein Wendepunkt. Der Held verlässt die daunengefederte Komfortzone und setzt an zum Sprung in unbekannte Gewässer. Dieser Schritt erfordert eine besondere Art von Mut – den Mut, sich ganz auf das Ungewisse einzulassen. »Der Held wird ins Unbekannte geschlungen«, formuliert Joseph Campbell und bezeichnet dieses Stadium, in Anlehnung an das biblische Buch *Jona*, auch als den Aufenthalt »im Bauch des Walfisches«. Auch Carl Gustav Jung greift zur nautischen Metapher und spricht von der »Nachtmeerfahrt«. Er beschreibt das Eintauchen in einen Ozean voller Gefahren und Verführungen, die den Helden prüfen und dem Prozess der Bewusstwerdung dienen. Es ist ein Einlassen auf unsere eigenen unbekannten seelischen Tiefen, bei dem alte unfruchtbare Überzeugungen und Einstellungen über Bord geworfen werden. Alles, was jetzt passiert, liegt erst mal jenseits von bewusster Steuerung. Es heißt nun, unvoreingenommen und neugierig dem zu begegnen, was darauf wartet, gefunden zu werden.

Frank gehörte der gehobenen Organisationsebene eines großen Unternehmens an. Seine Aufgabe war die Koordination verschiedener Abteilungen, organisatorischer Einheiten und arbeitstechnischer Prozesse. Seit vielen Jahren hatten sich die Strukturen und die Vorgehensweise seiner Unit kaum mehr geändert. Das Procedere und die Methoden, die angewendet wurden, waren seit Langem ehernes Gesetz. Die Abteilung, die Bewegung im Konzern möglich machen sollte, war selbst über die Jahre unbeweglich geworden. Frank verfolgte das Schauspiel schon seit einer Ewigkeit. Gelegentlich hatte er immer mal wieder versucht, die Aufmerksamkeit des Leiters seiner Unit auf die neuralgischen Punkte zu lenken und einen Paradigmenwechsel in der Vorgehensweise vorzuschlagen. Seine Initiativen waren der berühmte Kampf gegen Windmühlen, die Havarie an den Schnittstellen setzte sich permanent fort. Machtlos schaute er dem fortgesetzten, wirkungslos verpuffenden Management-Voodoo zu.

Frank war fest davon überzeugt, es besser zu können, mit grundsätzlich anderen Methoden und einem anderen, besseren Verständnis der Dinge. Ihn lockte der Weg in die Selbstständigkeit, aber diese verführerische Idee erschien ihm gleichzeitig auch sehr gefährlich, ein erhebliches Wagnis mit unvorhersehbarem Ausgang zu sein. In seinem vorgerückten Alter war dies aller Wahrscheinlichkeit nach ein One-Way-Ticket, so viel war klar. Die Angst vor der Ungewissheit, vor dem Scheitern, vor der eigenen Courage hatte Frank fest im Griff. Bei ihm war es nicht der Schritt durch die Tür nach innen, wie bei Kafkas Mann vom Lande, sondern der Schritt nach draußen, in die unsichere Weite, auf das wogende Meer der Unberechenbarkeiten, in eine völlig unbestimmte Zukunft. Und an der Tür warteten seine eigenen Dämonen auf Frank, um ihn vor dem großen Schnitt und mutigen Schritt zurückzuhalten.

In dieser Lage ermutigte ich ihn, nicht in Opposition zu den Kräften, die seinen Aufbruch verhindern wollten, zu verharren, sondern die Argumente anzuhören. Schnell merkte er, dass erst jetzt eine echte Auseinandersetzung in ihm begann. Er lernte, dass keine Instanz in ihm ihn per se gefangen halten wollte, sondern dass vielmehr die Aufforderung dahinter stand, intensiver und besser über die Lage nachzudenken. Im Prinzip geschah nichts anderes, als dass Frank die Schnittstellen in sich selbst besser zu koordinieren lernte.

Irgendwann fiel dann die Entscheidung für die Veränderung. Zwar stellte sich heraus, dass tatsächlich wenige große Unternehmen und Konzerne Interesse daran hatten, ihn selbst in ihre Organisationsstrukturen eingreifen zu lassen. Dafür waren sie umso eher bereit, ihn als Berater zu engagieren, um die eigenen zuständigen Mitarbeiter von seinem Wissen profitieren zu lassen. Der Weg in die Selbstständigkeit glückte Frank einfacher, als er es sich vorgestellt hatte. Zwar brauchte er ein paar Monate, um seine Ideen umzusetzen und mit Partnern ins Gespräch zu kommen, inzwischen ist sein Konzept aber zum Selbstläufer geworden, und er überlegt längst, selbst Fachkräfte anzuwerben, um seinen Geschäftsbereich weiter auszudehnen.

Noch ein Beispiel, an dem Sie sehen können, wie kurios und vielfältig die Wege der Selbstrealisierung sein können: Marie, die schon lange unzufrieden mit ihrem Job war, mit ihrem ganzen Leben, träumte immer wieder davon, irgendwann von ihren Bildern leben zu können. Auch beruflich war Marie künstlerisch tätig, manchmal hatte sie Freude an ihrer Arbeit als Bühnenbildnerin, aber insgesamt war der Berufsalltag ein Stahlkorsett. Alle Versuche, bei städtischen Galerien unterzukommen, waren fehlgeschlagen. Damit hatte ein konkretes Ziel sich zerschlagen, und sie wusste genau, dass jetzt der Zeitpunkt gekommen war, sich andere Luft um die Nase wehen zu lassen, um die endlos kreisenden Gedanken und Zweifel endlich loszuwerden. Sie bat ihren Chef um eine dreimonatige Auszeit und buchte ein Ticket in die USA.

Aber auch dort wurde sie die Geister, die sie nicht gerufen hatte, nicht los. Zwar lenkten die Eindrücke sie anfänglich ab, sobald sie jedoch zur Ruhe kam, in einem Café oder ihrem Motelzimmer, flammten die alten, immergleichen Fragen wieder auf: Wie soll es nur weitergehen? Was soll passieren? Was kann ich tun? Was will ich wirklich? Wie kann ich das Leben führen, das ich aus tiefstem Herzen will?

Irgendwo in Arizona, sie wusste nicht, wie es dazu gekommen war, geriet sie in einer Bar in eine Unterhaltung mit einem richtigen Cowboy – mit einem Stetson zwischen den Ohren und Sporen an den Stiefeln. Er hatte eine riesige Farm mit Pferdezucht und bei Wettbewerben schon jede Menge Preise abgeräumt. Als er hörte, dass Marie ein Faible für Pferde hatte und leidenschaftlich gerne malte, ging alles ganz schnell. Marie reiste zurück, kündigte ihren Job, verkaufte ihre Möbel und besorgte sich erst mal ein zeitlich begrenztes Visum für die USA. Sie malte zunächst die preisgekrönten Pferde des Cowboys und bekam schnell ähnliche Angebote – der Weg in die Vereinigten Staaten wurde zur Reise ohne Wiederkehr.

Als sie endlich »Ja« zu den schon so lange in ihr schlummernden Träumen sagen konnte, ging alles plötzlich ganz leicht. Längst ist Marie eine sehr erfolgreiche Tierporträtistin, die mit ihrem Mann westlich von Phoenix eine Pferdefarm betreibt und für Europäer Reiturlaube in der Prärie organisiert. Sie hat ihre Entscheidung, ihrer Sehnsucht zu folgen, nie bereut.

Ins Labyrinth finden

Die Heldenreise als die Suche nach unserer Bestimmung und Selbstverwirklichung ist einerseits der verschlungene Weg zu unserer Identität, zu dem, was wir wirklich sind. Dieser Weg führt uns über die Schwelle und hinein in ein Labyrinth. In ihm wird geprüft, wie tief das Zutrauen zu unseren Fähigkeiten wirklich ist. In der griechischen Sagenwelt gibt es die Figur des Minotaurus, der im Labyrinth von Knossos eingesperrt wird. Er ist ein Mischwesen mit einem menschlichen Körper und dem Kopf und dem Schwanz eines Stiers. Er ist also das personifizierte Fehlen von Identität. Wer die Prüfung bestehen will – in der Sage Theseus, der nach zahlreichen Abenteuern den Thron Athens besteigt –, muss diesen Zustand überwinden. An den Schwellen aller Abenteuer wimmelt es von solchen »Halb-Menschen« (J. Campbell), die gleichzeitig die Nichtidentität anzeigen und auf die zu erreichende Identität vorausweisen.

Der Schritt ins Fremde ist ein Schritt zu mehr Identität

Der Schritt über die Schwelle ins Labyrinth oder neue Land ist die Annahme dieser Aufgabe. Joachim Hammann schreibt in *Die Heldenreise im Film*: »Es ist dies der Beginn der Erkundungsreise, die den Helden schließlich in das Zentrum des Labyrinths – wo das Ungeheuer haust und die geraubte Seele gefangen hält – führen wird. Weil die Heldenreise ins Zentrum des eigenen labyrinthischen Unbewussten geht, spricht der Jungianer Erich Neumann von ›Zentroversion‹ und meint damit die Reise zum Mittelpunkt, die Jung selbst als ›Individuation‹ bezeichnet.« (Joachim Hammann, *Die Heldenreise im Film*, 2007, S. 247)

Der Schritt ins Neuland, in fremdartige Gefilde, ist also ein Schritt zu auf uns selbst. Der Ruf, der uns in das labyrinthische, fremde Terrain lockt, animiert uns dazu, etwas zu entdecken, was eigentlich längst zu uns gehört und darauf wartet – vielleicht schon lange –, integriert zu werden. Der Schritt über die Schwelle ist ein Schritt zu mehr Identität, zu einem stimmigeren Lebensgefühl. Der Held wird als veränderter Mensch zurückkehren, wenn er die Belohnung, das Elixier, das auf ihn wartet, geborgen hat.

Der Held schlägt sich tendenziell auf die Seite all dessen, was zu wenig Raum im derzeitigen Leben hat, während der Dämon des Widerstandes auf der Seite des Etablierten steht und dies natürlich schützen will. Einerseits meldet der Wille zu Veränderung und Selbstrealisierung seinen Anspruch an, andererseits warten Ungewissheit und Verunsicherung auf uns. Der Mensch-Tier-Zwitter der Sage zeigt diese Polarität, diese Gegensatzspannung, bildlich an.

Wenn die Auseinandersetzung geglückt ist und die Wahrheiten, die die beiden Pole in sich tragen, erkannt, gewürdigt und angenommen werden, eröffnet sich uns eine neue Welt mit all ihren bisher verborgenen Möglichkeiten und Potenzialen. Christopher Vogler schreibt in *Die Odyssee des Drehbuchschreibers*: »Erfolgreiche Helden lernen, die Schwellenhüter nicht als bedrohliche Feinde, sondern als nützliche Verbündete zu betrachten. Außerdem müssen sie begreifen, daß sie es in ihnen mit den ersten Boten künftigen Erfolgs oder neuer Kraft zu tun haben. Selbst eine Wächtergestalt, die auf den ersten Blick den Helden anzugreifen scheint, handelt bei genauerer Betrachtung damit vielleicht sogar zu seinem Nutzen.« (Christopher Vogler, *Die Odyssee des Drehbuchschreibers*, 1997, S. 125)

Theseus, der sich ins Labyrinth wagt, um sich dem Minotaurus zu stellen, rennt nicht blindlings ins Verderben. Er hat auf eine Stimme gehört, die zur Vorsicht mahnt. Mit sich nimmt er den berühmten Faden der Ariadne, sozusagen als Versicherung, um aus dem Labyrinth mit seinen vielen falschen Abzweigungen auch wieder hinauszufinden.

9. REFLEXION

ÜBER DIE SCHWELLE GEHEN – WIDERSTÄNDE ÜBERWINDEN

Jeder ist in seinem Leben schon einmal auf schier unüberwindbar scheinende Widerstände getroffen und musste Schwellen in Veränderungsprozessen überwinden. Mit den folgenden Fragen können Sie sich an diese vergangenen Begegnungen mit dem Widerstand erinnern und so zukünftige Veränderungen bewusster angehen:

- Haben Sie in Ihrem Leben schon einmal einen gravierenden Veränderungsprozess durchlaufen?
- Wer waren Ihre Schwellenhüter? Waren es Personen aus Ihrem Umfeld, oder haben Sie innere Dämonen bemerkt, die Sie vom Wandel abhalten wollten?
- Was haben Ihre inneren oder äußeren Dämone gesagt? Mit welchen Worten oder Taten wollten sie Sie von Ihrem Weg abbringen?
- Welche Bedürfnisse und Einwände galt es zu berücksichtigen?
- Welche Eigenschaften zeichneten die Dämonen aus, wie sind Sie damit umgegangen?
- Wie ist die Konfrontation verlaufen?
- Wie haben Sie es geschafft, den Weg der Veränderung trotzdem zu gehen?
- Wie sah die Schwelle aus?
- Wie waren Ihre Gefühle nach der Auseinandersetzung? Was war danach anders?

Die Literaturpäpstin, der Meistersinger und der Undercoverjournalist

Bekannt wurde sie Mitte der 70er-Jahre in ihrer Rolle als schnoddrige Metzgersgattin Else Stratmann aus Wanne-Eickel, die sich gut- und kleinbürgerlich das Maul über Gott und die Welt zerriss und keine Gelegenheit zum Schwadronieren ausließ. Mehr als ein Jahrzehnt quasselte sie ungefragt zu jedem Thema, das gerade die Runde machte. Rund 40 Bücher hat die umtriebige Literaturkritikerin, Kabarettistin, Moderatorin und Journalistin bis heute veröffentlicht und dabei, ganz wie ihre Kunstfigur, kein Thema ausgelassen. Elke Heidenreich fühlt sich zuständig für alles, was in unserer Gesellschaft so vor sich geht. Ihre große Liebe aber gilt der Literatur und den Büchern, die sie in ihren Kolumnen, Artikeln und der Fernsehsendung *Lesen* an den Mann und die Frau bringt bzw. brachte. Sie versteht sich als Mittlerin zwischen der Welt der Bücher und dem Publikum, das Orientierung in den unendlichen Bücherstapeln sucht. Sie wurde zur Literaturpäpstin, die aus Büchern Bestseller macht. Frank Schirrmacher, Herausgeber der F.A.Z., hat über sie gesagt: »Kein Buch, das in Deutschland Erfolg haben will, kommt an Elke Heidenreich vorbei.« Das Publikum vertraut ihr, weil sie nicht abgehoben über Literatur spricht, sondern ein ganz und gar unverkrampftes Verhältnis zu ihr pflegt – und weil sie dem Publikum ihre Interpretationen nicht als die einzig richtigen vorschreibt.

Zwischen 1957 und 1961 wurde das Medikament Contergan vertrieben, das es zu trauriger Berühmtheit brachte. Es sollte Schwangerschaftsübelkeit bekämpfen, führte aber gehäuft zu schweren Fehlbildungen bei Neugeborenen. Thomas Quasthoff, Jahrgang 1959, ist ein Contergangeschädigter, aber er hat sich davon nicht aufhalten lassen. Er studierte Gesang. Ende der 80er-Jahre gelang dem Bassbariton der Durchbruch auf den musikalischen Bühnen, in den 90er-Jahren eroberte er die Opernhäuser und Konzertsäle rund um den Globus, und im neuen Millennium wurde er mit nationalen und internationalen Preisen regelrecht überhäuft. Längst gehört er zu den profiliertesten klassischen Sängern weltweit und hat sich die Freiheit genommen, sich auch im Jazz zu versuchen – selbstverständlich mit dem gebührenden Erfolg.

Günter Wallraff verweigerte 1963 den Kriegsdienst – bei der anschließenden militärärztlichen Untersuchung wurde ihm eine »abnorme Persönlichkeit« attestiert. Seitdem ist er als Undercoverjournalist in tausend Rollen unterwegs, um Missstände und Ungerechtigkeiten aufzudecken. 1974 protestierte er in einer spektakulären Aktion gegen die griechische Militärdiktatur. 1977 heuerte er als

Hans Esser bei der BILD-Zeitung an und deckte die unsauberen journalistischen Methoden der Springer-Presse auf. Als Türke Ali Levent Sinirlioglu schuftete er 1983 und 1984 *ganz unten*, unter anderem bei Thyssen und McDonald's. Sein Bericht über unmenschliche Arbeitsbedingungen wurde weit über die Grenzen Deutschlands hinaus zur Kenntnis genommen. In den 90er-Jahren ging er als iranischer Gastarbeiter nach Japan, wo es ihm auch nicht gut erging. 2009, in seiner jüngsten Reportage, zog er, schwarz geschminkt als Kwami Ogonno aus Somalia, durch Deutschland und erlebte den täglichen Rassismus am eigenen Leib. Der Mann mit den tausend Gesichtern folgt unbeirrt seiner Mission: Missstände aufdecken und anprangern.

Die Literaturpäpstin, der Meistersinger und der Undercoverjournalist – sie alle haben mehr gemeinsam, als man zunächst denkt: Sie alle sind, wie ich meine, unbeirrbar ihren Weg gegangen. Sie haben sich weder von inneren noch von äußeren Dämonen von ihrer Linie abbringen lassen.

Elke Heidenreich hat, als die Medienschelte Marcel Reich-Ranickis an den öffentlich-rechtlichen Anstalten hohe Wellen schlug, in die gleiche Kerbe geschlagen. Der Papst wandte sich jedoch gegen die Päpstin, und das Zweite Deutsche Fernsehen hatte fortan kein weiteres Interesse mehr an der Zusammenarbeit – aber Elke Heidenreich machte einfach ohne Sender im Internet weiter.

Thomas Quasthoff hat sich trotz seines Handicaps in der Welt der Musik durchgesetzt – mit überwältigendem Können und einer einzigartigen Stimme. Dabei hat er den Zweiflern mit seinem unvergleichlichen Humor mehr als einmal gezeigt, was eine Harke ist: »In Deutschland leben 80 Millionen Behinderte. Ich habe den Vorteil, dass man es mir ansieht.«

Enthüllungsjournalisten haben naturgemäß überdurchschnittlich viele Feinde. Günter Wallraff hat den Zorn auf sich gezogen wie kein zweiter, sich gegen Mediengiganten und Großkonzerne gestellt. Er hat sich mit seinen Anklagen exponiert und die Gegenklagen vor Gericht erfolgreich ausgefochten.

Die Auseinandersetzungen, die alle drei mit ihren inneren Dämonen durchstanden haben müssen, kann man nur erahnen. Wie dem auch sei, sie alle waren und sind mit dem, was sie machen, extrem erfolgreich. Und damit ist nicht nur gemeint, dass sich ihre Arbeit in barer Münze auszahlt, sondern vielmehr, dass sie ihre Ziele erreicht und Wirkung erzielt haben. Wir können bei allen dreien mutmaßen, dass sich Berufung und Beruf nicht unterscheiden. Sie sind überzeugt von dem, was sie getan haben und noch tun werden. Ich weiß nicht, ob sie selbst sagen würden, dass sie einem Ruf gefolgt sind, aber sollte dem so sein, dann könnte man ihnen dazu gratulieren, die Prüfungen bestanden und die jeweiligen Ziele erreicht zu haben.

8. Neuland – das neue Land

Immer und überall ist das Abenteuer eine Reise ins Unbekannte. Jenseits der Schleier des Bekannten und Vertrauten sind die Kräfte, die an der Grenze wachen, bedrohlich, es mit ihnen aufzunehmen, ist riskant. Immer und überall vergeht die Gefahr vor jedem, der Berufung und Mut mitbringt.

JOSEPH CAMPBELL

Change – das essenzielle Geschenk

In einem Artikel im Harvard Business Manager beschreiben Martin Claßen und Felicitas von Kyaw, Spezialisten für Transformationsprozesse, die Krise des Change-Managements. Während der Unwillen zur Veränderung bei der Belegschaft und in den unteren Managementrängen ein altbekanntes Phänomen ist, verzeichnen die Autoren als neueres Phänomen die Ablehnung bis hinein in die obersten Etagen der Geschäftsleitungen.

Ist der Wille zur Veränderung aus der Not geboren, ist es meist zu spät

In Zeiten immer größer werdenden Drucks in allen Regionen der Wirtschaft sinken die Chancen auf gelungene Change-Prozesse. Man hetzt hinterher, anstatt proaktiv die eigene Zukunft gestalten zu können. Geld ist knapp, Zeit erst recht – und bewusste Veränderungsprozesse kosten beides. Wer immer am Limit arbeitet, wird nicht mehr in Ruhe über den Tellerrand blicken können. Wer bis zur letzten Sekunde eines Quartals zusehen muss, die geforderten Zahlen irgendwie zusammenzubekommen, hat für Projekte, die sich auf kurzfristige Bilanzen eher negativ auszuwirken drohen, keinen Nerv. Wer jetzt überleben muss, hat für zukünftige Entwicklungen nur bedingt Interesse.

Konservative Motive bremsen Veränderungen

Es sind vor allem drei Gründe, weswegen Manager Change-Prozessen kritisch gegenüberstehen: mangelnde Einsicht in notwendige Veränderungen, Angst vor schwierigen Entscheidungen und Angst vor Verlust an Einfluss. Es sind also »konservative« Motive, die auf die Veränderungsbremse treten. Dieses Festhalten, diese Immunisierung gegen den Wandel führt oft in Abwärtsspiralen, aus denen man irgendwann nicht mehr aussteigen kann. Wer erst an Wandel denkt, wenn er am Abgrund steht, hat keinen Handlungsspielraum mehr – und wird die jetzt »notwendigen« Veränderungen nicht mehr bewältigen können. Ist der Wille zur Veränderung nur noch aus der Not geboren, ist es zumeist zu spät.

Es ist deswegen sehr wichtig, nicht einseitig dem Diktat des täglichen Geschäfts hörig zu sein, sondern proaktiv Freiräume zu schaffen, in dem der Wandel unter guten Bedingungen gedeihen kann. Wir sollten uns in zyklischen Abständen die Zeit für die bewusste Gestaltung von Veränderung nehmen, wie Matthias Horx in seinem *Buch des Wandels* eindrücklich empfiehlt:

»Am Anfang jedes Selbstwandlungsprozesses … steht ein Entschluss: Man muss mit dem Jammern aufhören. Wer mit sich selbst weiterkommen will, braucht in zyklischen Abständen eine Art Glattstellung der Bilanz. Man muss die Welt so sehen, wie sie ist, ihre ganze Vielfalt, Ungeheuerlichkeit, Unberechenbarkeit. Und sich selbst mit den Augen liebevoller Akzeptanz betrachten: So bin ich geworden, und etwas anderes kann ich (bis jetzt) nicht sein. Auf dieser Grundlage müssen wir ›re-signieren‹. Was wiederum im strikten Wortsinn gemeint ist: ›neu unterzeichnen‹. Wir müssen das Skript, die Signatur verändern. Erst dann werden Freiheit und Wandel wieder möglich.« (Matthias Horx, *Buch des Wandels*, 2009, S. 181)

Die Heldenreise ist ein Modell, um Freiheit und Wandel wieder möglich zu machen. Das geht nicht ganz ohne, aber es raubt Ihnen Ihre Zeit auch nicht, denn Sie erhalten für Ihre Investition einen lohnenswerten Return. Sie können dann sagen: »So bin ich geworden, aber das ist auch noch möglich.« Wenn Sie auf die Reise gehen und Ihre (private oder geschäftliche) Bilanz glattstellen, gelangen Sie früher oder später in das neue Land – in das Land der neuen Möglichkeiten.

Sie fragen sich: Was genau erwartet mich dort? Wie sieht es aus in diesem neuen geheimnisvollen Land? Was und wem werde ich in dieser anderen Welt begegnen?

Nun, die Antwort ist ganz einfach: Ich kann es Ihnen nicht sagen. Niemand kann es Ihnen sagen. Die Erfahrungen, die die Reisenden machen, sind sehr unterschiedlich. Es kann sein, dass Sie sich irritiert, verwirrt und verunsichert fühlen, oder es berührt Sie tief, Sie sind fasziniert und total beeindruckt ob der Vielfalt. Nichts wird so sein, wie Sie es sich vorgestellt haben. Manches wird anders sein, als was Sie bisher kannten. Und so kann es sich reich und üppig gestalten oder aber eher karg und wüstenähnlich, bunt schillernd oder eintönig. Das, was Sie erleben werden, ist höchst individuell und abhängig davon, welche spezifische Gestaltungsenergie in Ihrem Leben nach vorne, nach oben und ans Licht drängt.

Auf der Reise nach Innen werden Sie staunen, was alles möglich ist

Das neue Land spiegelt als Metapher das wider, was in Ihrem Inneren an verborgenen Möglichkeiten und Potenzialen integriert werden will. Durch die Reise nach Innen erhalten Sie die Chance, einen Geschmack davon zu bekommen, wie viele unausgelebte Fähigkeiten in Ihnen stecken. Wenn Sie bewusst beginnen, das Neue, das noch im Verborgenen liegt, in Ihr Leben zu integrieren, dann werden Sie staunen, was alles möglich ist. Das neue Land der Heldenreise ist unermesslich und unvermessbar groß. Gehen Sie mit auf diese Reise! Entdecken Sie all das, was in Ihnen steckt, und nutzen Sie bewusst mehr und mehr als die gerade einmal 7 Prozent unseres Potenzials, die wir üblicherweise abzurufen imstande sind.

Neuland

Wenn Sie bis hierher gelangt sind, dann haben Sie Ihre Zweifel hinter sich gelassen. Im neuen Land gilt nur noch der Blick nach vorne. Die Denkfigur des Neulands ist von der Vorstellung der Eroberung nicht zu trennen. Dieses Land ist Ihr Land, und Ihre Gestaltungskraft ist nun gefragt. Und dieses Land ist ein magisches Land, in dem buchstäblich alles passieren kann. Es ist der Ort der weitesten Entfernung vom normalen Alltagsleben, aber es ist zugleich entscheidend für die Rückkehr in die Normalität. Hier ergibt sich eine Konstellation, in der Sie das Elixier erhalten, das Sie mit sich zurücknehmen und das für die Problematik, die hinter Ihrem Ruf stand, eine Lösung anbietet. Im neuen Land wird der Held erneut und zum letzten Mal auf seiner Reise auf die Probe gestellt. Er sieht sich Herausforderungen gegenüber, bei deren Lösung ihm alte Denkschablonen nicht helfen.

Wenn Sie die Zweifel hinter sich gelassen haben, richtet sich der Blick nach vorn

Sven, leitender Angestellter in einer großen Entwicklungsabteilung eines Konzerns, berichtete nach seiner Imaginationsreise in das neue Land, durch die ich ihn in einer Coaching-Sitzung geleitet hatte, dass er von einem mächtigen Löwen durch verschiedene Landschaften geführt worden sei und immer wieder neue Prüfungen zu bestehen gehabt hätte. Er befand sich beispielsweise in der Savanne und wurde von den Bewohnern mit seltsamen Gesten und gezückten Speeren gedrängt, die Wandmalereien ihrer Vorfahren zu entziffern. Während Sven nicht wusste, was er tun sollte, begann der Löwe ihm in seltsamen Tönen, die nur er verstehen konnte, die Bedeutungen zuzuflüstern. Nachdem er so die Geheimnisse des Stammes ans Licht gebracht hatte, wurde er von den wie von Sinnen tanzenden Stammesangehörigen gefeiert, und er bekam zum Abschied ein Geschenk überreicht, das er noch vor Kurzem nicht hätte verstehen können, das ihm jetzt aber sehr vertraut vorkam.

Wenn wir diese Sequenz zu deuten versuchen, könnte man vermuten, dass es bei Sven darum geht, mehr seiner Intuition zu vertrauen und sie als einen Wegbegleiter zu akzeptieren. Allein solche Fantasien zu erleben, war für Sven geradezu verwir-

Blindflug in die Sonne

Stellen Sie sich vor, Sie sind blind. Was Sie dann alles nicht mehr könnten! Ihre Arbeit – passé ... Mit dem Auto, dem Fahrrad oder zu Fuß fortbewegen – unmöglich ... Im Supermarkt einkaufen oder den Haushalt machen – wie sollte das gehen? Nicht einmal in Ihrer Wohnung würden Sie sich auf Anhieb zurechtfinden. Sie müssten alles neu lernen. Und vorerst auf sehr viel, langfristig immer noch auf eine Menge verzichten. Die Augen sind für unser tägliches Leben das wichtigste Sinnesorgan. Mit ihnen orientieren wir uns im Raum und können all die einfachen und komplexen Dinge tun, die wir gewöhnt sind.

Noch eine Frage: Kennen Sie Ralf Mackel? Nie gehört? Dann wird es Zeit, dass er Ihnen vorgestellt wird. Ralf Mackel fährt Motorrad. Und Ralf Mackel ist blind, von Geburt an. Mit zehn Jahren fing er an, Mopeds auseinander- und wieder zusammenzuschrauben. Er hatte den Traum, sie nicht nur zu reparieren, sondern auch fahren zu können – und setzte ihn prompt um. 1994 machte er dann endgültig Ernst. Er erlernte das halsbrecherische Hochgeschwindigkeitsfahren und macht seitdem die Rennstrecken dieser Welt unsicher.

Wie das geht? Mackel hat, wie viele Blinde auch, aus der Not eine Tugend gemacht. Was seine Augen nicht können, übernehmen seine anderen Sinne. Auf Rundkursen orientiert er sich an akustischen Phänomenen, am Widerhall, der von Tribünen, Mauern, Gebäuden zurückkommt, und anhand seines extrem trainierten Zeitgefühls. Zwar kann er nicht mit Paolo Rossi und Co. an den Massenstart gehen, weil das dann doch zu komplex und damit zu gefährlich wäre, aber seine Einzelrundenzeiten können sich sehen lassen.

Woher kommt dieser außergewöhnliche Drang, den Nachtflug auf glühenden Reifen zu wagen? »Seine positive Lebenseinstellung schöpft Ralf Mackel aus seinem unbändigen Drang nach höheren Zielen«, heißt es auf seiner Website, und damit ist das Zentrale gesagt. Der blinde Rennfahrer ist nicht bereit, sein Schicksal einfach so hinzunehmen, es bloß passiv in Empfang zu nehmen. Er hat sich höhere Ziele gesteckt, höher als irgendjemand von ihm erwartet hat und erwarten konnte. Und er hat seine Ziele erreicht.

Der Mut, der dazugehört, das Unmögliche zu wollen, ist in ökonomischen Kontexten kaum zu überschätzen. Pioniere, die an einem ganz bestimmten Punkt die ausgebauten Wege verlassen und ins wegelose Dickicht einen neuen Pfad schlagen, können sich nicht auf gute Sicht verlassen, sondern allenfalls auf ihre Intuition, dem Gefühl, dass dort und genau dort ein bisher unentdeckter Weg zum wirtschaftlichen Erfolg darauf wartet, erschlossen, befestigt und asphaltiert zu werden. Sie sind auf dem Weg zur Innovation, sie suchen, denken und erschaffen das Neue, das in vielen Unternehmen zwar händeringend herbeigesehnt wird, sich aber nicht so einfach einstellt. Die Innovation und das Neue sind eine seltene Ressource, die wir heute in ökonomischen Kontexten dringender benötigen als jemals zuvor. Die Innovationen der Zukunft stehen im Mittelpunkt des Begehrens, während jene der Vergangenheit der Vergessenheit anheimfallen: Dass wirtschaftlicher Erfolg in gewissen Sparten, die uns inzwischen längst als selbstverständlich gelten, ehedem ein Ding der Unmöglichkeit zu sein schien, vergisst man oft. Sind die Realitäten erst einmal grundsätzlich verändert, ist die Kraft, die dafür aufgewendet werden musste, kein großes Thema mehr.

Sonnenenergie? Ja, klar, ihr gehört die Zukunft – und zum Teil auch schon die Gegenwart, das weiß jedes kleine Kind. Eine Selbstverständlichkeit. Völlig normal. Kein Raubbau an den endlichen Ressourcen der Erde, sondern Nutzung der Energien, die mit den Sonnenstrahlen sowieso bei uns ankommen. Aber trotz der ersten Ölkrisen 1973 und 1979 und Tschernobyl 1986 spielte die Solarenergie in den 70ern, 80ern und noch in den 90ern kaum eine Rolle. Das lag nicht nur an fehlenden technischen Möglichkeiten, sondern mehr noch am Unwillen der westlichen Zivilisation zum grundsätzlichen Wandel.

1988 gründete Frank H. Asbeck, Gründungsmitglied von Bündnis 90/Die Grünen, ein Ingenieurbüro zur Demontage von Industrieanlagen und zum Bau von Blockheizkraftwerken. Asbeck hat – wie Mackel – ein Handicap, das in der Informations- und Wissensgesellschaft und ihren Wirtschaftsformen eine kaum überwindbare Barriere darstellt: Er ist (bekennender) Legastheniker. Trotzdem hat er es nicht nur geschafft, wie man so schön sagt, sondern schreibt mit SolarWorld, einem der inzwischen drei umsatzstärksten Photovoltaik-Unternehmen der Welt, eine der ganz großen Erfolgsgeschichten des neuen Millenniums. Er wurde als »Hidden Champion« bezeichnet, als heimlicher Gewinner, der in einer Nische still und leise startete, um laut und tösend in der Mitte anzukommen. Sicherlich ist Asbeck ein Geschäftsmann, der von Anfang an auf der Suche nach dem Profit war (und ihn schnell gefunden hat). Aber zur Sonne aufzubrechen, war bei ihm selbstverständlich nicht ohne idealistische Beweggründe möglich. Joseph Campbell spricht mit Pathos vom Helden: »Ein Held ist jemand, der sein Leben einer Sache geweiht hat, die größer ist als er.« Und dieses Pathos gilt auch für den, der angetreten ist, die Energiewende nicht nur abzuwarten, sondern selbst in die Hand zu nehmen. Die Gefahr, wie Ikarus abzustürzen, war damals sicherlich größer als die Chance, zum Sonnenkönig zu werden. Asbeck hat es geschafft, mit unkonventionellen – so sagen die einen – und verrückten – so die anderen – Ideen. Er schenkte dem Vatikan zu den Heiligen Drei Königen eine Solaranlage für die päpstliche Audienzhalle, wollte am Firmensitz Bonn, in den Rheinauen, ein Löwengehege ansiedeln und verblüffte mit der Idee, den angeschlagenen Opel-Konzern zu übernehmen und zum Öko-Vorreiter zu machen. Mit großer Exzentrik und noch größerem Mut hat Asbeck den Blindflug zur Sonne angetreten und gehört in Zeiten, in denen Energie eines der wichtigsten Themen ist, sicherlich zu den wegbereitenden Pionieren und Löwen, kurz: Helden, der ökonomischen Gegenwart. In seinen eigenen Worten: »Ich bin immer größere, stärkere Dinge angegangen. Wo andere Leute die Hauskatze präferieren, ziehe ich einen Löwen vor.«

rend, ein Einbruch des Irrationalen in seiner sonst stabil und zuverlässig kopfgeleiteten Welt.

In seinem Alltag bedeutete es, sich in seiner Führungsverantwortung nicht ausschließlich von Zahlen, Daten und Fakten leiten zu lassen, sondern auch intuitiv Dinge zu bewerten und Risiken einzugehen. Für Sven, der sehr analytisch ausgerichtet ist, ist dies ein riesiges Abenteuer. Doch von seinen Mitarbeitern bekommt er für seine spürbare Veränderung und für die Neuausrichtung seiner Führung nur positives Feedback.

10. REFLEXION

MUTIG DAS NEUE LAND EROBERN

In dieser Reflexion geht es darum, dass Sie sich die früheren Veränderungen in Ihrem Leben vergegenwärtigen, um daraus die Kraft und den Mut zu neuen Veränderungen zu schöpfen. Wenn Sie an die zurückliegenden Einschnitte in Ihrem Leben denken, werden Sie sehen, dass Sie gar nicht erst mutig werden müssen – Sie waren es nämlich schon.

- Rufen Sie noch einmal die großen Veränderungen in Ihrem Leben auf: der neue Job, die große Trennung, die neue Beziehung, die erste eigene Wohnung etc.

- Was waren damals die entscheidenden Prüfungen? Mit welchen Schwierigkeiten und Problemen wurden Sie konfrontiert, und wie haben Sie sie gemeistert?

- Wem oder was mussten Sie sich in diesem neuen Terrain stellen? Welche Fähigkeiten haben Ihnen geholfen, diese Situationen zu bewältigen?

- Wie hat es sich angefühlt, so außerhalb des bisherigen Lebens – der Komfortzone – zurechtzukommen?

- Was war anders, was besonders? Wie haben Sie es erlebt, wenn Sie risikofreudig neues Terrain betreten haben?

- Was hat Sie dabei unterstützt, sich nicht umzudrehen, sondern den Weg mutig weiterzugehen?

Neues sein, neues Sein

Die alte Haut ist abgestreift und die neue zeigt sich in all ihren Facetten. So kann man sagen, dass mit jeder Heldenreise, mit jedem Entwicklungsschritt so etwas wie eine neue Identität entsteht, in der es anzukommen gilt.

Der Weg durch das neue Land mit seinen Bewährungsproben dient dazu, Kräfte zu sammeln für eine weitere, die alles entscheidende Prüfung. Es ist das Vordringen in die tiefste Höhle, ins Zentrum des Abenteuers, dorthin, wo der zu hebende Schatz verborgen ist. Ich versuche es Ihnen an einem cineastischen Beispiel zu erläutern: Dr. Henry Walton Jones jr., kurz Indiana Jones, ist bekannt für seine spektakulären Abenteuer. In den vier Filmen sind die Bundeslade, die drei Shankara-Steine, der Heilige Gral und der Kristallschädel die Belohnungen, die er am Ende seiner zahlreichen Prüfungen und Kämpfe erhält. Der Showdown findet jeweils in einer Art Tempel oder einem Katakombensystem statt. In der letzten der vielen Kammern, dort, wo zugleich der oberste Bösewicht und das magische Geschenk warten, gehen die Leinwandabenteuer des Helden jedes Mal zu Ende. Wenn wir die handfeste Story als metaphorisches System verstehen, dann ist unsere Heldenreise überhaupt nicht verschieden von derjenigen auf Zelluloid aus Hollywood. Auch wir dringen am Ende in die innerste Kammer. Wir gelangen sozusagen zu unserer Essenz. Wir haben uns selbst gefunden und können mit den neu entdeckten, mit unseren Möglichkeiten anders umgehen. Im innersten Bezirk der labyrinthischen Katakomben treffen wir auf die Anteile und Gestaltungsmöglichkeiten unseres Selbst, die bisher nicht ausgelebt werden konnten, die verborgenen Facetten unseres Ich. Hier blicken wir in den Spiegel und erkennen uns unverstellt und jenseits aller Vorurteile.

»Vor mir tat sich eine grauenerregende Landschaft auf. Alles verbrannt, die Erdkruste brüchig, überall Risse, die den Blick auf glühende Lava zuließen. Stinkende Schwefeldämpfe, verdörrte Bäume, kein Hauch von Leben. Ich saß verzweifelt am Rand dieses brodelnden, dampfenden, alles Leben vernichtenden Vulkanlandstriches. Wie sollte ich hier weitergehen? Sollte das das Ende sein? Wie ein einziger Rieseneingang zur Hölle lag die Landschaft vor mir. Unüberwindbar!«

So berichtete Doris von ihrer entscheidenden Prüfung. Sie beschrieb ein Gefühl von völliger Hilflosigkeit und Einsamkeit. Als ich sie fragte, ob sie das aus ihrem Leben kenne, schluchzte sie und erzählte unter Tränen, sie habe genau diese Empfindungen die ganze Zeit zu unterdrücken und zu verdrängen versucht, aus Sorge, von Freunden nicht mehr gemocht, unter Kollegen nicht mehr als die erfolgreiche und toughe Kollegin geschätzt zu werden. Sie hatte Versagensängste und übte deswegen extremen Druck auf sich selbst aus. Das Ergebnis war jedoch, dass sie sich selbst und ihre Schaffenskraft blockierte.

Sie erzählte weiter: »Wie aus dem Nichts tauchten zwei große schwarze Raben auf und ließen zwei große feuchte Tücher zu meinen Füßen fallen. Ungläubig wickelte ich sie mir um die Füße und folgte den Raben, die mir sicher und zuverlässig den Weg über die wenigen festen Erdschollen zeigten.«

Loslassen, die Kontrolle aufgeben und sich mit der eigenen Bedürftigkeit auseinandersetzen und sie annehmen, darum ging es bei Doris auf dieser Heldenreise. Das große Thema der Selbstliebe wird in dieser Imaginationsreise überdeutlich. Doris lernte, sich selbst und ihre Bedürfnisse wichtig zu nehmen. Sie fing an, mutiger für ihre Meinungen und Ansichten einzutreten. Sie drückte es ab jetzt freundlich, aber bestimmt aus, wenn sie etwas in der Zusammenarbeit mit ihren Kollegen störte, und sie lebte auch jenseits der Arbeit bewusster und hörte sich zu, wenn es darum ging, Entscheidungen zu treffen und die Weichen zu stellen.

Darum geht es: sich selbst zu finden

Die Auseinandersetzung mit uns selbst führt sehr häufig zu einem deutlich verbesserten Kohärenzgefühl. Und zwar in dreierlei Hinsicht: Wir werden erstens stabiler und gefestigter, um den Wirren des Lebens standhalten zu können. Durch den verstärkten und bewussteren Selbstbezug entsteht ein Rückkopplungssystem, durch das wir besser wissen, was wir wirklich wollen. Wir leben weniger in den Meinungen anderer und verstehen unsere eigenen Wünsche besser. Es trägt zweitens zu unserem Wohlbefinden und unserer Gesundheit bei. Die körperlichen Symptome, die uns durch Unbehagen, vielleicht sogar durch Schmerz darauf aufmerksam gemacht haben, dass etwas im Argen lag, verschwinden, denn der Anlass ist nicht mehr vorhanden. Wir werden, nicht zuletzt aufgrund der ersten beiden Aspekte, belastbarer und produktiver. Die Ausrichtung am eigenen Ich und den eigenen Wünschen sowie unser gesteigertes Wohlbefinden, aber vor allem die zur Synthese gebrachten widerstreitenden Seiten in uns führen dazu, dass wir unsere Energien und Potenziale zielgerichtet und in vollem Umfang einsetzen können – wofür auch immer wir das wollen.

Wer weiß, wer er ist, kann entscheiden, was er will

Genau das bestätigte mir Doris ein halbes Jahr später. Sie berichtete, sie sei nach wie vor voller Energie, habe ganz neue Wege gefunden, mit sich selbst und ihrer Umwelt umzugehen. In ihrer Arbeit zeigte sich der Wandel besonders dramatisch: Sie peilte so zielsicher, siegesgewiss und entschlossen Ziele an wie nie zuvor. Und machte damit regelrecht Karriere. Sie war zum einen sichtbar lockerer und gelöster, aber gleichzeitig deutlich durchsetzungsstärker. Sie wusste jetzt, wie man so schön sagt, genau, was sie wollte. Doris hatte zu sich selbst gefunden und dadurch in jeder erdenklichen Hinsicht profitiert. Sie hatte sich intensiv mit sich selbst beschäftigt und wurde dafür beruflich belohnt.

Wenn man es noch einmal auf den Punkt bringen wollte, dann müsste man sagen: Doris hatte sich selbst gefunden. Und dieser Befund ist durchaus verallgemeinerbar. Die große Prüfung der Heldenreise zu bestehen heißt, sich selbst zu finden, zu sich selbst zu finden. Keine Geschichte aus meiner Praxis illustriert das schöner als jene von Markus, der Finanzdienstleistungen für eine Bank verkaufte. Er erzählte von seiner Reise, dass er zu Fuß in einer Stadt unterwegs war, immer wieder um Ecken bog – und plötzlich auf sich selbst traf. Der Schock war groß, und es kam sofort zum Zweikampf zwischen ihm und seinem Ich. Ob er ihn gewonnen hatte oder nicht, wusste er nicht, jedenfalls wiederholte sich die Szene mit geringfügigen Variationen mehrfach. Immer tiefer drang er ins Innere der Stadt, bis er schließlich in einen Raum gelangte, von dem er, woher auch immer, wusste, dass dies das Ziel seiner Reise war. Und auch dort wartete sein Ich auf ihn, und wieder kam es zum Zweikampf ohne Ergebnis.

Markus war zu mir gekommen, weil er endlos die Frage, ob er den Schritt in die Selbstständigkeit wagen sollte oder nicht, wälzte und zu keinem Ergebnis kam. Alle Argumente lagen auf dem Tisch, aber keines hatte sich als spielentscheidender

Trumpf durchsetzen können. Die Frage war rational nicht zu beantworten, es ging also um eine psychische, emotionale Entscheidung, die auf der Tagesordnung stand – um die Ortung und das Verstehen des Bauchgefühls sozusagen.

Entscheidend ist, das Leben selbst in die Hand zu nehmen

Markus' Geschichte endete damit, dass der letzte Doppelgänger vor ihm sich langsam in Luft auflöste und sich gleichzeitig die Kulisse veränderte. Vor ihm lag jetzt ein Buch – ein Buch, das seine Geschichte erzählte. Er nahm es an sich und konnte den Weg unbehelligt von Doppelgängern zurückgehen – also ohne dass er sich selbst den Weg versperrte. Der Kampf mit sich selbst, den Markus sehr lange und aufreibend geführt hatte, war vorbei. Nicht im Kampf mit sich selbst befand er sich jetzt, sondern er konzentrierte sich mit ganzer Kraft auf seinen Weg. Tatsächlich machte er sich selbstständig und handelt wieder mit Finanzpapieren, die nicht immer aus dem Hause kommen, für das er vorher tätig gewesen war. Aber das ist nicht entscheidend, sondern vielmehr, dass er sein Leben selbst in die Hand genommen hat.

Ein dramatisches Ritual

Diese entscheidende Prüfung ist die Konfrontation mit der größten Angst, der schlimmsten Furcht, den heftigsten Zweifeln – eine kaum lösbare Aufgabe. Der Kampf mit sich selbst. Die letzte Prüfung ist immer die schwierigste. Die Sache steht auf Messers Schneide. In vielen Übergangs- und Initiationsriten der Naturvölker ist das der zentrale Moment: die Angst, die es zu überwinden gilt. Paul Rebillot erzählt von einem solchen Ritual der Aborigines – wir sind also wieder in Australien: Männer und Frauen leben bei diesem Stamm getrennt, die Söhne bei ihren Müttern, bis sie ins Mannesalter eintreten. Den Jungen wird von früh an von den Göttern erzählt, die beim Erwachsenwerden ein Opfer verlangen. Sie äßen das Fleisch der Jungen, und aus den Knochen entstehe wie Phönix aus der Asche der nun erwachsene junge Mann. Dieser Übergang wird dann mit einem feierlichen Ritual begangen.

»Wenn schließlich der lang erwartete Tag erreicht ist, wird dem Jungen eine Kappe übergezogen, damit er nicht sieht, was vor sich geht, und er wartet ängstlich in seiner Hütte. Plötzlich hört er Lärm, die Tore des Frauendorfes werden aufgebrochen, Männer dringen schreiend und lärmend ein; sie schnappen sich den Jungen, werfen ihn über die Schulter und rennen mit ihm davon. Die Frauen jagen ihnen schreiend nach, sie stampfen mit den Füßen, schlagen mit den Fäusten, raufen sich wehklagend ihre Haare und weinen: ›O mein Kind, mein kleiner Junge ist weg, ich werde ihn nie wiedersehen!‹ Sie können sich nicht beruhigen, denn sie wissen, ihr Kind hat das Heim für immer verlassen. In diesen Momenten der Katharsis (Läuterung) setzen sie alle ihre Gefühle frei, die viele Eltern unserer Gesellschaft bis weit ins spätere Leben mit sich herumtragen. Alle Trauer und aller Schmerz kommen explosionsartig an den Toren des Dorfes zum Ausbruch und es ist richtig, denn für diese Mutter ist das Kind wirklich ›gestorben‹.«

Die Männer des Stammes bringen die Jungen, bevorzugt in mondlosen, dunklen Nächten, zu einem kultischen Platz, wo diese, grausamer geht es kaum, ihr eigenes Grab ausheben müssen, um den Göttern geopfert zu werden. Die Männer lassen die Jungen in ihren kleinen Gruben zurück, um wenig später mit Instrumenten, die unheimliche, sirrende Töne erzeugen, zurückzukehren. Sie kreisen den durch ein Lagerfeuer hell erleuchteten Platz mit ihren infernalischen Geräuschen ein und werden zuletzt vor dem Widerschein der Flammen erkennbar. Dann begrüßen sie die Neuerwachsenen:

»Seht, das sind eure heulenden Götter: Stäbe mit Bambusrohren daran, mit denen man Krach machen kann! Es gibt gar keine Götter, die euch fressen wollen. Es gibt keine Götter, die uns mit Fleisch versorgen, und auch keine, die Wohnungen für uns bauen. Das ist nicht Aufgabe der Götter, wir Männer müssen das tun! Die Götter haben uns erschaffen, das ist alles! Wir müssen uns um alles andere kümmern. Und jetzt, da ihr das wisst, seid ihr keine Kinder mehr, ihr seid jetzt Erwachsene!« (Paul Rebillot, *WandlungsRituale*, 1994, S. 590–593)

Mit den so von ihrer Angst Erlösten bleiben die Alterwachsenen eine Zeit lang zusammen in der Wildnis, bringen ihnen das Jagen und Fischen bei – und was man als männliches Vollmitglied der Sippe sonst noch wissen und können muss. Nach dem Intensivkurs in Sachen Verantwortungsübernahme und Überlebenstechniken kehren die Männer zurück und werden mit Gesang, Tanz und einem großen Fest empfangen. Der Übergang zwischen Jugend und Mannesalter ist auf eine Art und Weise vollzogen, den die, die ihn durchlebt haben, niemals vergessen werden. Die Angst, die sie durchstanden haben, die Erlösung durch die bereits initiierten Männer, der Crashkurs in Erwachsenenpflichten und die dionysische Feier zum Beschluss des Ritus bilden zusammen eine Ereignissequenz, die im Leben jedes Einzelnen, der dabei war, einen festen Platz haben wird, an die sich die nun Erwachsenen immer wieder erinnern werden, nicht nur, wenn sie zukünftig selbst auf der anderen Seite des Schauspiels stehen.

Emotional durchlebte Veränderungen sind wirkungsvoller als rationale Handlungen

Rebillot nennt dieses Wandlungsritual, diese Inszenierung zur Feier des Wechsels zwischen zwei Lebensabschnitten, zurecht ein »Drama«. In unserer entzauberten, durchrationalisierten Welt fehlen solche Übergangsrituale fast völlig, und die, die es noch gibt, sind höchstens Schwundformen, in denen man jedes Drama vergeblich sucht. Weil Rituale aber nicht mehr zelebriert werden, werden auch die Übergänge, die ja trotzdem stattfinden, karg und arm. Die Metamorphosen unseres Lebens hören nicht auf, aber sie werden häufig genug nicht bewältigt. Sie geschehen, diskret und unauffällig, aber sie bleiben darum auch unverstanden. Sie werden nicht bewusst wahrgenommen, sie werden nicht zelebriert, sie werden nicht verstärkt, sondern abgeschwächt.

Die Heldenreise – ein Übergangsritual

Die Heldenreise bringt die Form eines solchen Rituals mit sich. Freilich werden hier keine Kinder oder Jugendlichen dazu gezwungen, sich ein dann doch unbenutzt bleibendes Grab zu schaufeln. So »spooky« wird es nicht, aber auf der Imaginationsreise über die Schwelle in das neue Land tauchen oft genug Vorstellungen bei dem Helden auf, die sehr bedrohlich sein können, die seine Reise zu den Quellen des Ich zu einem intensiven, an und über die Grenzen gehenden Abenteuer machen. Wie die jungen Stammesangehörigen als neue Menschen aus ihrer rituellen Verwandlung zurückkehren, wird auch der Heldenreisende aus seinem neuen Land und von seiner großen Prüfung als ein anderer zurückkehren. Gerade weil die Heldenreise der Form nach rituell ist, wird in ihr der Übergang sehr stark akzentuiert und sehr gut ausgeleuchtet. Die Veränderung tritt in den Mittelpunkt des Geschehens – und kann, so könnte man sagen, gerade deswegen besonders gut eintreten. Der Wandel wird als eindrückliches »Drama«, um das Wort wiederzuverwerten, in Szene gesetzt und damit nicht nur unvergesslich, sondern auch wirkungsvoller als jede rein rationale Handlung.

Am Anfang dieses Kapitels habe ich darüber gesprochen, dass der Wandel in unserer Gesellschaft im Allgemeinen und im Management im Besonderen oft nicht gelingen will. In der rationalen, von einer Vielzahl von Kausalitäten und Interessen geleiteten Businesswelt sind die Strukturen oft so undurchdringlich und unauflösbar, dass der gute Wille zur Veränderung wirkungslos verpufft. Das fängt oft schon im Personalbereich an, in dem eherne Gesetze am Werk zu sein scheinen. Lieber jemanden nehmen, der das und genau das schon seit Jahren macht – und man möchte hinzufügen: schon seit Jahren ausdauernd und konsequent falsch macht. In den idealtypischen Berufskarrieren ist die erstaunliche Wendung die Ausnahme, Kontinuität und stete Weiterentwicklung sind die Norm. Wenn nicht einmal in solchen Fällen den Menschen »Flexibilität« im Sinne von Wandlungsfähigkeit zugetraut wird, wie soll Change dann im großen Maßstab gelingen?

Jeder Held braucht sein Ritual

Wenn wir Veränderungen wirklich wollen, dann sollten wir von archaischen Ritualgesellschaften, wie jener aus Rebillots Beispiel, lernen. Wir sollten unsere Gesellschaft und unser Handeln auf gewisse Art »reritualisieren«. Ein Wandlungsritual als stabile Form, um Veränderungen anzukurbeln, zu dramatisieren, zu forcieren, zu feiern täte uns oft sehr gut. Andererseits ist das archaische Ritual selbst sehr förmlich. Es geschieht immer wieder auf gleiche Art und Weise, zum immergleichen Anlass und stets mit demselben Ausgang. Unsere moderne Gesellschaft kann das Ritual selbst flexibilisieren, indem sie den Individualismus, auf den wir so große Stücke halten, mit dem Ritual kreuzt. Bei dieser Kreuzung kommt etwas heraus, was weder in unserer noch in der archaischen Gesellschaft leicht zu finden ist: eine Ritualform, die elastisch genug ist, um individuell und innerhalb einer schnell (und immer schneller) sich drehenden Welt Wandlungsprozesse jeder Art zu ermöglichen. Jeder Held macht eine andere Reise … jeder Held braucht ein anderes Ritual.

Der anthroposophische Drogist

Er ist bekennender Anthroposoph, leitet als Honorarprofessor das Institut für Entrepreneurship der Universität Karlsruhe, steht auf Literatur und Theater, hat zu Hause angeblich weder einen Fernseher noch einen Computer, ist Gründer der Initiative *Unternimm die Zukunft*, befürwortet das bedingungslose Grundeinkommen – und er ist der Gründer der erfolgreichen Drogeriekette *dm – drogerie markt*. Die Rede ist von Götz Werner. Als 1972 die Preisbindung für Drogerieartikel fiel, schlug er dem Unternehmen, für das er tätig war, vor, Supermärkte für Zahnpasta, Seife und Babypuder aufzuziehen. Die Antwort hieß »Nein«. Werner kündigte und zog die Sache selbst durch. Aber nicht nur, weil er damals offensichtlich seinen Ruf gehört, die Widerstände besiegt, seinen Weg gegangen ist und Neuland erobert hat, ist »dm-Werner« ein *Business Hero*. Seine Vorlieben für unkonventionelle Wege waren damit nämlich noch lange nicht versiegt, sondern fingen erst richtig an, sich auszutoben.

»Der Sinn von Kultur heute ist in erster Linie, Sinn zu stiften«, schreibt Werner in einem Artikel in *brand eins*. Er meint damit ausdrücklich nicht zuletzt die Unternehmenskultur. Seine Lehrlinge, die er, um den aktiven Charakter zu betonen, »Lernlinge« nennt, bekommen diesen Kulturanspruch am eigenen Leib zu spüren: Acht Tage lang nehmen sie an einem Theater-Workshop mit den Bausteinen Bewegung, Geste, Sprache, Gesang und Tanz teil. Sie lernen, sich auszudrücken, in neue Rollen zu schlüpfen, sich spielerisch auszuprobieren. Die Ausbildung zum Drogisten wird zum kreativen, künstlerischen Prozess. Werner macht das nicht nur als Anthroposoph, sondern auch als Geschäftsmann, schließlich ist die Verkaufsfläche einer Filiale auch eine jener Bühnen mit den berühmten Brettern, die den Erfolg bedeuten. Das Konzept verklammert also ökonomische und kulturelle Sphären und dies nicht nur aus selbstloser Liebe zur Kunst, aber ebenso wenig bloß als ein aufgesetzter Marketinggag.

Götz Werner ist ein Unternehmerheld, weil er gegen den Strom in (s)ein neues Land geschwommen ist und mit denkbar unkonventionellen Mitteln eine der großen Erfolgsgeschichten der deutschen Wirtschaftsgeschichte geschrieben hat.

9. Die Belohnung

Es ist wichtig, dass man das Geheimnis des Lebens und
sein eigenes Geheimnis im Leben erfährt und erkennt.
Es verleiht dem Leben eine neue Strahlkraft,
eine neue Harmonie, einen neuen Glanz. Mythologisch
zu denken, hilft einem, sich mit den Unvermeidlichkeiten
dieses Jammertals zu versöhnen. Man lernt die positiven
Werte in dem zu erkennen, was die negativen Momente
und Aspekte des Lebens zu sein scheinen.
Die große Frage ist, ob man es fertig bringt,
zu seinem Abenteuer ein beherztes Ja zu sagen.
Ja, zum Abenteuer des Helden – dem Abenteuer,
lebendig zu sein.

JOSEPH CAMPBELL

Die Schatzinsel

Die Isla del Coco, ein paar Hundert Kilometer vor der Küste Costa Ricas, ist legendär. Jacques Cousteau, der berühmte französische Meeresforscher, hat sie einmal als die schönste Insel bezeichnet, die er je gesehen habe. Längst gehört sie zum Weltnaturerbe der UNESCO. Besiedelt ist sie nicht, aber in den letzten Jahrhunderten erhielt sie immer wieder Besuch – von Piraten wie Henry Morgan, dem gefürchtetsten Piraten der Karibik, und Schatzsuchern wie dem Deutschen August Gissler, der 20 Jahre lang buddelte, aber nur sechs Goldmünzen ans Tageslicht holte.

Die Legende will, dass die Kokos-Insel bis heute mehrere Schätze beherbergt, die von ihren Erbeutern dort zwischengelagert wurden, aber nicht mehr abgeholt werden konnten. Kapitän Edward Davis, der 1702 spurlos verschwand, eroberte und plünderte 1685 eine Stadt namens Leon in Nicaragua. Seine Beute, Kisten über und über voll mit Gold und Diamanten, soll ebenso auf der Insel sein wie ein immenser Goldschatz, den der Seeräuber Dom Pedro »Benito« Bonito dorthin gebracht hat. 1819 raubte er einen Goldtransport, der von Mexiko-Stadt nach Acapulco gehen sollte. Den bei Weitem größten Schatz soll aber Kapitän William Thompson auf die Kokos-Insel gebracht haben. 1821 entführte er den Kirchenschatz von Lima, unter anderem eine goldene Madonna, und versteckte ihn – und zwar sehr gut, denn bis heute ist er nicht gefunden. Kurz darauf wurden Thompson und seine Mannschaft von einem spanischen Kriegsschiff geentert und in Panama gehängt – ihr Geheimnis nahmen sie mit ins Grab.

Ungefähr ein halbes Jahrhundert später wird Robert Louis Stevenson, an Tuberkulose erkrankt, durch eine ausdauernde Schlechtwetterperiode an sein Cottage in Braemar im schottischen Hochland gefesselt. Er zeichnet eine Schatzkarte, den Ausgangspunkt seines Klassikers *Die Schatzinsel*. Die Geschichte um Jim Hawkins, den einbeinigen Piraten Long John Silver und den Schatz des berüchtigten Captain Flint spielt vermutlich auf der Isla del Coco. Stevenson hat wahrscheinlich von Thompson, dem Schatz von Lima und der Insel gehört und sie als Vorbild seiner Schatzinsel genommen.

Von den Klassikern mit Errol Flynn bis hin zu *Fluch der Karibik* hat der Piratenfilm die Romantik der gesetzlosen Seeräuber und der Jagd nach dem Schatz gern aufgenommen. Die Suche nach dem Schatz gehört – nicht nur in diesem Genre – zu den archetypischen Mustern des Erzählens überhaupt. Die Faszination der Schatzsuche, ob mit Augenklappe und Piratentuch, mit Cowboystiefeln und Stetson, Mantel und Degen, Schirm, Charme und Melone oder welchen Accessoires auch immer, ist universell. Fast immer zweitrangig ist dabei übrigens der Schatz selbst. Gold und Diamanten sind nur Symbole, lediglich Platzhalter für eine ganz andere Belohnung, die auf den oder die Jäger des verlorenen Schatzes wartet. Am Ende war der Weg das Ziel, wie beispielsweise auch Hape Kerkeling und alle anderen Jakobsweg-Pilger immer wieder betonen. Der Mut, aufzubrechen, die Prüfungen, die Kämpfe – insbesondere mit sich selbst –, die Begegnungen bei der Suche, die Veränderungen und Entwicklungen, durch die der Held geht, die er aber meistens selbst erst später wahrnimmt, weil er während seiner Reise vielbeschäftigt ist und erst nachher wieder Distanz zu sich selbst findet, die Menschlichkeit und Liebe, die er während seiner Abenteuer erfährt – das alles und viel mehr ist die wahre Belohnung, das wirkliche Elixier, das die Reise ausmacht.

Ungefähr drei Millionen Schiffe sollen auf den Meeresgründen ihre vorerst letzte Ruhestätte gefunden haben. Viele davon haben einen Schatz mit sich in die Tiefe genommen. Man sieht daran, wie klein die Welt und wie groß der Mensch ist: In seinen Tiefen sind unermesslich viel mehr Schätze zu finden. Im Jahr 1512 geriet das Flaggschiff des portugiesischen Eroberers Afonso de Albuquerque auf dem Weg nach Goa zwischen Indonesien und Malaysia in Seenot und sank. An Bord war ein riesiger Schatz, der Schätzungen zufolge heute acht Milliarden Euro wert wäre – er ist damit das wertvollste bekannte Geheimnis der Meerestiefen, nach dem schon viele Abenteurer vergeblich getaucht haben. Ein immenser materieller Wert – verglichen mit der schöpferischen Kraft des Menschen und der aus ihr entstehenden Produktivität aber nicht einmal ein Sandkorn am Strand.

Geschenke auspacken

Stephen R. Covey, der Autor von *Die 7 Wege zur Effektivität*, spricht in seinem Nachfolgeband *Der 8. Weg* von »unseren ungeöffneten Geburts-Geschenken«, die nur darauf warten, ausgepackt zu werden. Wir alle, die wir Helden sind, tragen unsere Geschenke seit jeher bei uns: »Talente, Fähigkeiten, Vorzüge, Intelligenzen, Möglichkeiten«, wie Covey spezifiziert. Die Heldenreise ist im Prinzip nichts anderes, als den Weg zu finden, diese Geschenke anzunehmen.

Die Reise des Helden ist, um daran zu erinnern, die Geschichte der Reise ins Abenteuer Leben. Es gilt, das Schneckenhaus zu verlassen, die Nase in den Wind zu halten, die Herausforderungen zu meistern und den Schatz zu erobern. Es gilt hinauszuziehen, um im Ich anzukommen. Harry Potter findet den Stein der Weisen, Parzival den Heiligen Gral und Siegfried den Nibelungenschatz. Was gibt es in Ihrem Leben zu entdecken? Welcher Herausforderung wollen Sie sich stellen? Welche Schätze wollen von Ihnen gefunden und erobert werden?

Welcher Herausforderung wollen Sie sich stellen?

Das von Campbell sogenannte Elixier, die Belohnung, ist das, was wir für unseren Mut ernten, für unseren Einsatz und die Erfahrungen, die wir bei unserem Abenteuer machen. Wer gewagt hat, sich den Herausforderungen des Lebens zu stellen, wird dafür reich belohnt. Die Belohnung zu erhalten, bedeutet, in einer neuen, weiteren und auch authentischeren Ich-Sphäre anzukommen, neue Fähigkeiten und Kräfte zu erschließen, die es uns erlauben, ein sinnvolleres, reicheres Leben zu führen.

Eine neue Einsicht oder Erkenntnis kann uns dazu führen, wahrzunehmen, an welcher Stelle wir uns töricht oder starrsinnig verhalten haben. Es werden uns die Augen geöffnet, und wir entscheiden uns, die Illusionen und Vorstellungen, die wir uns von unserer Karriere und unserem Leben gemacht haben, loszulassen. Und wir kommen mit einem tieferen Gefühl von Vertrauen in Kontakt, dass uns ermöglicht, optimistischer in die Welt zu schauen und die Möglichkeiten, die es für uns bereithält, intensiver zu entdecken.

Die Belohnung ist das Gegenstück des Einsatzes, den wir wagen

Wir erkennen, wer wir sind und was wir wollen, die Erfahrungen der Reise reichern unser Leben mit Sinn an. Die Belohnungen, die Schätze, die es in dem neuen Land zu bergen gibt, sind so individuell wie wir selbst. Jeder erhält nach bestandener Prüfung das, was sein Leben rundet und ihn lebendig und ganz fühlen lässt. Wer sich traut, die in sich verborgenen Bedürfnisse und Wünsche wahrzunehmen, gewinnt nicht nur für sich, sondern wird auch andere an der Belohnung teilhaben lassen. Im Freundeskreis, unter Kollegen, bei der Arbeit, in der Familie, mit dem Partner und in der Gesellschaft ganz allgemein – überall wird spürbar werden, dass nicht nur der Held reich belohnt wird, sondern auch seine ganze Umgebung.

Das Geschenk der Heldenreise ist, in der eigenen Mitte anzukommen

Mit der Belohnung lassen sich neue Lebensentwürfe realisieren. Unser Streben nach materiellen Gütern, Positionen und Erfolgen, das zwischenzeitlich vielleicht aus dem Rhythmus gekommen ist, und unsere Suche nach Glück, Geborgenheit und Liebe, die eine Zeit lang möglicherweise ins Stolpern geraten war, lassen sich mit dem kostbaren Gut von Neuem und mit frischem Schwung in Angriff nehmen.

Das Geschenk der Heldenreisen unseres Lebens ist, in der eigenen Mitte anzukommen, den eigenen Kern zu erfahren, eins mit der inneren Energiequelle zu sein, die eigene Seelenmelodie zu erhören und das veränderte Sein zu fühlen. Wir werden durch die neu erworbenen Fähigkeiten mehr und mehr zum Gestalter unseres Lebens, sind nach jeder Reise mehr in der Lage, unsere eigene Wahrheit zu leben, und lernen, uns dem Lebensstrom anzuvertrauen. Wir können achtsamer in unseren Beziehungen sein, spüren wieder die Lust am Leben, genießen die Freude auch an kleinen Dingen und fühlen uns energiegeladener.

Der Eintritt in jede neue Lebensphase fordert einen Neuanfang sowie eine Neuausrichtung. Wenn wir die Stationen der Heldenreise in unserem Leben bewusst wahrnehmen, also den kleinen Impulsen der Veränderung und Unzufriedenheiten in uns nachspüren, wenn wir lernen, der inneren Stimme, unserer Intuition, zu vertrauen und sie ernst zu nehmen; wenn wir in der Lage sind, dem Widerstand in uns Beachtung zu schenken, uns mutig der Auseinandersetzung mit beiden Aspekten zu stellen, dann sind das neue Land und die Belohnung zum Greifen nah.

Es lohnt sich, vorwärts zu gehen und Grenzen zu überscheiten

Es lohnt sich also, vorwärts zu gehen und zu entdecken, was in uns steckt. Ja, es braucht Mut, die Reise ins Ungewisse anzutreten, denn unser Potenzial, unsere Ressourcen liegen jenseits des bewussten Wissens. Also wagen Sie die Reise zu Ihren Schatztruhen, zu Ihrer Lebensquelle und werden Sie der, der Sie sind.

Das Geschenk, den Schatz, das Elixier zu finden, markiert einen entscheidenden Einschnitt. Dies ist genau die Stelle der Wandlung, der Erneuerung. Verlorene, vergessene oder noch unbenutzte Kräfte sind wiederbelebt worden. Der Held kehrt als ein Anderer, Verwandelter in sein ursprüngliches Leben zurück. Der Mensch, der er vorher war, hat sich verändert. Deshalb heißt diese Schwelle auch »Schwelle ohne Wiederkehr«.

Jenseits des Lavafelds

Doris, die in ihrem neuen Land über glühende Lava gegangen war, berichtet:

»Als ich sehr erschöpft auf die andere Seite gelangt war, ließ ich mich auf einem Stein nieder, um mich auszuruhen. So saß ich mutterseelenallein und blickte zurück auf diese verbrannte Landschaft. Ich hatte es geschafft, ich war im wahrsten Sinne des Wortes durch die Hölle gegangen. Ich brauchte bloß loszulassen und auf helfende Kräfte zu vertrauen. Leise Musik von jenseits der Hügel lockte mich zum Weitergehen. Ich stieg den Hügel hinauf. Oben angekommen, eröffnete sich mir ein breites, üppig grünes Tal mit Wiesen, Feldern und einem schmalen Flüsschen, an dessen Ufern ein kleines Städtchen lag. Freudig erregt lief ich den Hügel hinab. Wartete dort die Belohnung auf mich? Mitten im Städtchen fand ich einen kleinen Tempel. Neugierig trat ich ein, und da lag es auf einem kleinen Altar, auf einem roten Samtkissen – ein goldenes Herz. Eine Stimme sagte: ›Nimm es, es ist deins.‹«

Als Doris während unseres Seminars ihre Geschichte erzählte, konnte ich wahrnehmen, wie berührt sie davon war. Vor mir saß eine andere Frau, weicher, zarter, mit ihren Gefühlen im Reinen – und gleichzeitig unglaublich wach. Sie sagte: »Ja, ich habe verstanden. Mein Geschenk ist das Elixier der Selbstliebe!«

Doris erhielt die Kraft, sich selbst anzunehmen. Jede Heldenreise führt zu diesem Punkt – allerdings unterscheidet sich dieses Bei-sich-selbst-Ankommen hinsichtlich Konstanz oder

Veränderung. Während die einen lernen, sich selbst so zu akzeptieren, wie sie sind, brechen die anderen jetzt erst so richtig auf – zu neuen Ufern, in ein neues Leben, in eine andere berufliche und ökonomische Zukunft. Während Doris zur ersten Gruppe gehört, war Martin jemand, der sich als einen ganz und gar anderen zu entdecken begann.

Er erzählte während des Seminars, dass seine Karriere früh und hoffnungsvoll begonnen hatte. Als er gerade einmal 26 Jahre alt geworden war, hatte er schon einen nicht gerade unbedeutenden Sessel des mittleren Managementsegments besetzt. Aber dann hatte er nach eigener Auskunft an mehreren Weggabelungen die falsche Straße gewählt. Seine Selbstsicherheit und sein »Konquistadorentum«, die ihn so schnell an den Platz an der Sonne gebracht hatten, bekamen einen Knacks. Vorbei war es mit seiner erobernden Forschheit und seiner offensiven Unbeirrbarkeit. Kaum hatte er widerwillig akzeptiert, dass er im Stillstand angelangt war, als er mit Schrecken erkennen musste, dass es sogar rückwärts und bergab ging. Was ihm noch bis vor Kurzem leicht fiel, war nun eine bedrückende Last. Eine Geschichte von frühem Aufstieg und ebenso frühem Fall schien sich anzudeuten.

Der Maßstab verändert sich: vom Anspruch zum Antrieb

Auf seiner imaginären Reise begegnete er nicht nur außergewöhnlich vielen Mentoren, Gefährten und Unterstützern, sondern fand am Ende auch ein überaus passendes und wertvolles Elixier. Er entdeckte ein Kraftfeld, das ihn wieder in die Lage versetzte, so zu agieren wie vor dem Karriereknick. Eine neue Quelle hatte sich aufgetan. Eine neue Quelle nicht nur der Kraft, sondern auch des Verständnisses seiner selbst. Martin begriff den Weg, den sein Leben genommen hatte, nicht mehr als Serie von Schritten vorwärts und rückwärts, sondern als *seine* Entwicklung, *seine* Bewegung auf sich selbst zu. Er fand wieder zurück in die Erfolgsspur, ohne dass ihm das noch so wichtig gewesen wäre wie zuvor. Sein Maßstab hatte sich verändert. Er maß sich nicht mehr am Erfolg, sondern den Erfolg an sich.

Neu gewonnene Einsichten und Erkenntnisse haben die Kraft, einen Menschen total zu verändern. Man kommt bei sich an, jedoch oft genug bei einem anderen, als man sich vorgestellt hat. So gestärkt und gewandelt, heißt es, zurückzukehren in den Alltag. Es gilt, das neu erhaltene Wissen und die Erkenntnisse zum Wohle aller einzusetzen.

Geschenke zum Weiterschenken

Dass Geschenke dafür da sind, weitergegeben zu werden, für das Wohl aller »geopfert« zu werden, illustriert eindrucksvoll der Fall von Tim. Er war ungefähr 40 Jahre und seit frühester Jugend der Liebe zur Musik verfallen. Für ihn war es, als er erwachsen wurde, die logische Folge, seine Leidenschaft zum Beruf zu machen. Allerdings wurde er hartnäckig von absoluter Erfolglosigkeit verfolgt. Längst hatte er sich eingestehen müssen, dass er, da er nur *seine* Musik machen wollte, nie ein größeres Publikum finden würde. Halbherzig hatte er Abschied von der Musik als Broterwerb genommen und einen Job als Überbrückungs- und Vertretungslehrer angenommen. Zufrieden war er damit aber nicht. Immer noch nagte die Verletzung durch die fehlende Anerkennung an ihm. Als Lehrer war er nur »Ersatz«, sprang hier und da ein, was ihn jedoch überhaupt nicht befriedigte.

Das Geschenk, das er am Ende seiner Reise unter Tränen entgegennahm, war eine mit Kreide über und über bekritzelte Tafel. Er konnte die Zeichen nicht lesen, sie waren Noten und Notenlinien ähnlich, genau konnte er es nicht erkennen. Aber er hatte verstanden. Er hatte verstanden und akzeptiert, dass Musik seine Berufung war, aber nicht sein Beruf sein konnte. Aber nicht nur das. Er hatte endlich auch kapiert, dass er – tatsächlich und längst – ein Lehrer war.

Bis zu seiner Heldenreise hatte der ausdauernde Misserfolg in seiner Berufung eine solche Enttäuschung und Verkrampfung bewirkt, dass er unfähig gewesen war, zu erkennen, dass sein Beruf in der Tat (schon immer) seine Zweitberufung war. Nicht seine Sichtweise oder seine Wertung des Lehrens hatte sich verschoben, er, seine ganze Person, wurde dadurch verändert.

Begierig stürzte er sich mit einem Elan, der ihm bis dahin völlig fremd gewesen war, in seinen Lehrerberuf, will sagen seine Lehrberufung. Mit seinem neuen Engagement und absolut entschlossenem Willen war er schnell kein Vertretungslehrer mehr, sondern hatte im Nu eine feste Stelle. Das nahm er, obwohl es ihn langfristig von den früher so nervenden Geldsorgen befreite, kaum wahr. Er hatte nur noch eins im Sinn: sein Geschenk weiterzugeben, mit seinen Schülern spannende Stunden zu gestalten, einfach ein guter und engagierter Lehrer zu sein, sein Wissen und seine Erfahrungen fruchtbar zu machen, mit dem Herzen auf der Zunge zu unterrichten.

Das war es! Indem Tim gewisse Dinge akzeptierte, die ihn vorher blockiert und unglücklich gemacht hatten, stellte sich ein kleiner Hebel um. Und für Tim veränderte sich buchstäblich alles. Und damit wurde nicht nur er beschenkt. Gute Lehrer sind rar – aber jetzt gab es einen mehr. Während er vorher unsicher, defensiv und oft lustlos und bedrückt in die Stunden gegangen war – und Schüler merken das natürlich –, öffneten ihm von nun an zwei neue treue Begleiter, nämlich Vorfreude und Begeisterung, die Türen der Klassenzimmer. Die Schüler dankten es ihm – nicht immer und nicht alle, aber doch so, dass Tim die Anerkennung und Bestätigung fühlen konnte, die ihm so lange gefehlt hatte.

Potlatch

Potlatch ist das indianische »Fest des Schenkens«. Solche Feste waren selten und immer mit religiösen und rituellen Handlungen verbunden. Meistens fand das Potlatch statt, wenn in der Familie des Häuptlings ein Tod zu beklagen oder eine Geburt zu feiern war. Durch das Potlatch wurden in solchen und anderen Fällen die sozialen Gefüge, die Hierarchie, die Erbfolge, die Standesverhältnisse oder Privilegien bestätigt oder neu festgelegt. Wie auch immer, das Besondere am Potlatch ist die Intensität des Schenkens. Es ging darum, andere Würdenträger oder Clanchefs durch spektakuläre Gaben herauszufordern, zu beschämen und zu übertrumpfen. Auch bei anderen, »normalen«

Joanne K. Rowling & Harry Potter

Die Entstehung der Harry-Potter-Romane ist untrennbar mit der Heldenreise von Joanne K. Rowling verbunden. Von Yate, Tutshill und Exeter über Paris, London und Porto bis Manchester und Edinburgh führt ihre Irrfahrt der vorläufigen Erfolglosigkeit, bis aus der »alleinerziehenden Sozialhilfeempfängerin« die erfolgreichste Schriftstellerin der Welt wird. Sie schreibt zunächst Erwachsenenromane, die kein Verlag veröffentlichen möchte, denkt aber nicht daran aufzugeben. Kurz nachdem ihr auf einer Zugfahrt die Idee zur Figur Harry Potters kommt, stirbt ihre Mutter mit gerade einmal 45 Jahren. Als Lehrerin und »schlechteste Sekretärin aller Zeiten« schlägt sie sich durch, bis sie schließlich »wie im Wahn« den ersten von sieben Bänden zu Ende schreibt, während ihre Tochter im Kinderwagen schlummert.

Der Rest ist Geschichte: Sieben Bände innerhalb von zehn Jahren machen sie mit über 325 Millionen verkauften Exemplaren zur meistverkauften Autorin aller Zeiten. Die Potter-Mania grassiert rund um den Erdball, und die Romane um den bebrillten Zauberlehrling werden in über 60 Sprachen übersetzt. Bei jedem neuen Band bildeten sich schon am Vortag des Erscheinens endlose Schlangen vor den Buchhandlungen, und die Fans harrten in Nacht und Kälte aus, um eines der begehrten Exemplare zu ergattern.

Die »Belohnung« im ersten Band der Zaubersaga ist der *Philosopher's Stone*, der Stein der Weisen. Im Arabischen nennt man das alchemistische Wunderwerk *El Iksir*, woraus das deutsche Wort Elixier entstanden ist. Schon seit der Antike ranken Mythen um diesen Stein, mit dem man unedles Metall in Gold verwandeln können soll. Aber nicht nur Reichtum verspricht der magische Stein, sondern auch Heilung von allen Krankheiten und sogar ewiges Leben. Unter dem Namen *Aurum Potabile*, »trinkbares Gold«, stand das Elixier im Ruf, alle Gebrechen zu heilen und das Altern zu verhindern.

Gefunden haben soll den Stein der Legende nach der französische Gelehrte, Schriftsteller und Alchemist Nicolas Flamel, der im 14. Jahrhundert lebte. Er taucht auch in *Harry Potter und der Stein der Weisen* auf und hat dort also das biblische Alter von 700 Jahren erreicht. Harry Potter geht auf die abenteuerliche Jagd nach dem Stein, um zu verhindern, dass der böse Lord Voldemort, der seine Eltern umgebracht hat, in seinen Besitz kommt. Harry wird damit zum Retter von Hogwarts – und zum Helden von Millionen von verzauberten Lesern.

Festen waren Freigiebigkeit und Gastfreundschaft unbestritten, aber beim Potlatch passiert etwas anderes. Hier wird nicht nur dieses oder jenes verschenkt, sondern im Extremfall buchstäblich alles, auch das Niet- und Nagelfeste. Das führte nicht selten in den absoluten Ruin und stellte die Verhältnisse im wahrsten Sinne des Wortes auf den Kopf. Ein Potlatch ist ein Fest der Maßlosigkeit.

Verschwenden Sie Ihr Geschenk!

In der westlichen Zivilisation ist das Geschenk dagegen »domestiziert«. Man schenkt so viel man kann oder will, immer innerhalb gewisser Grenzen, die nicht überschritten werden. Sie sollten jedoch das Geschenk, das Sie am Ende Ihrer Heldenreise empfangen, nicht wie ein Geburtstags- oder Weihnachtsgeschenk behandeln. Sie sollten es nicht in eine Vitrine stellen oder verstauben lassen, sondern wie beim Potlatch verschwenderisch damit umgehen. Wenn Ihr Geschenk ein Symbol der Kraft sein sollte, dann setzen Sie sie ein; ist Ihr Elixier ein Jungbrunnen, schöpfen Sie ihn bis zum Boden aus; symbolisiert Ihr Geschenk eine Form des Wechsels, dann gehen Sie den Weg nicht halbherzig, sondern schießen Sie über das Ziel hinaus. Verschwenden Sie Ihr Geschenk! Verschenken Sie es weiter! Sie verlieren dann nämlich nichts – schließlich kann nichts und niemand Ihnen Ihre Gabe, Ihre Fähigkeit, Ihr Können, Ihr Wissen oder was auch immer nehmen. Im Gegenteil: Wenn Sie es verschwenderisch einsetzen, wird es sich anreichern und vermehren. Nur dadurch, dass es in der Realität ankommt, wird es auch Wirkung hervorrufen. Nur dadurch, dass Sie es in Ihrer Lebenswelt einsetzen, wird es überhaupt erst zum Geschenk.

Das Geschenk ist eine Antwort

Erinnern Sie sich zurück: Warum sind Sie hierhin, an diesen Punkt gekommen? Was war der Grund, auf die Heldenreise zu gehen? Nun, in aller Regel haben Sie sich die Frage nach Ihrer Zukunft gestellt – und erst einmal keine Antwort bekommen. Oder zu viele, verwirrende Antworten. Sie wollten nicht einfach in die Zukunft schauen, sondern einen Hebel in die Hand bekommen, um Ihre Zukunft selbst gestalten zu können. Der

Weg Ihrer Reise ist die Antwort, die Sie wollten. Und das Geschenk, das Elixier ist das Symbol dieser Antwort.

Man kann in eigentlich allen Fällen beobachten, dass der Impuls am Anfang, der zum Aufbruch führte, und das Elixier am Ende korrelieren. Oft ist es allerdings nicht gerade leicht, die Verbindung zu verstehen. Weil das Geschenk ein Symbol ist, ist es im Umkehrschluss kein Klartext. Man muss es entschlüsseln und in herkömmliche Sprache zurückübersetzen.

Wie versteht man den Impuls, der zum Aufbruch führt, oder was ist ein Traum?

Sigmund Freud stand vor einem ähnlichen Problem, als er anfing, Träume verstehen zu wollen. Er begriff schnell, dass die Träume, die er erzählt bekam oder aus seinem eigenen Schlaf mitnahm, »entstellt« sind. Sie sind umgeformte Realität. Sie sind »Bilderrätsel«, wie er schreibt. In seiner *Traumdeutung* arbeitet er die beiden Mittel, mit denen wir unsere Realitäten in Träume umwandeln, heraus. Die beiden Zauberworte heißen Verdichtung und Verschiebung. Die menschliche »Traumarbeit« verdichtet. Wenn wir den Traum für eine Erzählung halten, die, wären wir wach, klar und geordnet von einem Anfang zu einem Ende fortschreiten würde, dann ist es im Traum so, dass viele Elemente dieser Erzählung weggelassen werden, andere in den Vordergrund treten, bis man nicht mehr so leicht verstehen kann, was eigentlich passiert. Es werden mehrere Bilder zusammengefügt und manche ausgeschlossen. Andererseits verschiebt die Traumarbeit. Was wir in einer erzählten Geschichte für wichtig hielten, gerät im Traum möglicherweise in den Hintergrund. Wir lagern die Energie, die Intensität eines Motivs auf ein anderes um, das uns gar nicht so wichtig ist, das heißt, wir müssen zwischen Traum und wachem Erleben ganz andere Wertungen ansetzen, ob etwas wichtig oder unwichtig ist.

Symbolische Geschenke sind mitunter nicht leicht zu verstehen

Träume sind hochkomplexe, nur schwer zu verstehende Gebilde, die man allerdings versuchen kann zu verstehen. Man muss die Traumgeschichte, mit all ihren Brüchen und Rätseln, eben nur »zurückverschieben« und »entdichten«. Man muss sie entschlüsseln. Nicht anders verhält es sich mit dem symbolischen Geschenk am Ende der Heldenreise. Manche sind leicht zu verstehen, andere stellen mehr oder minder schwere Rätsel dar, und einige sperren sich hartnäckig dagegen, ihr Geheimnis preiszugeben.

Ich nenne Ihnen drei Beispiele, um anzudeuten, welche Bandbreite diese Symbole haben und wie unterschiedlich schwer oder leicht sie zu verstehen sind:

Claudia, eine Büroangestellte, langweilte sich in ihrem grauen Alltag fürchterlich. Sie sah aber keinen realistischen Weg, diese Situation grundsätzlich anzupacken. Ihr unbefriedigendes Berufsleben hatte bewirkt, dass inzwischen ihre Nerven angegriffen waren. Um es umstandslos zu sagen: Sie war ein Häufchen Elend. Ihr Symbol war ein Löwe. Eine einfache Metapher respektive Verdichtung. Der Löwe, als Symbol der Kraft, bedeutete genau das, wonach sie sich sehnte. Einige Zeit später ist sie aus ihrem Bürokäfig ausgebrochen, wohin auch immer.

Theodor war Inhaber und Geschäftsführer einer Firma für seltene, ausgefallene Spezialwerkzeuge, die er von seinem Vater, der sie gegründet hatte, übernommen hatte. Er war von einer unspezifischen Unruhe erfüllt und wusste nicht so recht, wohin die Reise gehen sollte. Sein Symbol kam ihm ein wenig seltsam vor: eine Hochzeitskutsche. Er konnte damit nicht zuletzt deswegen nichts anfangen, weil er kurz vor seiner silbernen Hochzeit stand. Des Rätsels Lösung war geschäftlich, nicht privat. Es stellte sich heraus, dass er etwas Eigenes auf die Beine stellen wollte. Dafür musste er sich allerdings fast gänzlich aus seiner Firma herausziehen. Und das probate Mittel dafür war die Fusion mit einem Konkurrenten, eine geschäftliche Hochzeit also. Nachdem er geraume Zeit später genau das erreicht hatte, zog er eine andere Firma in einer anderen Branche auf und wurde damit wie sein Vater zum Gründer.

Sönke, als Selbstständiger im Finanzdienstleistungssektor tätig, war mit seinen Erfolgen nicht zufrieden. Seine Platzierungen in internen Rankings missfielen ihm. Zwar war er bereit, mehr zu tun, bis in die Nacht zu arbeiten und noch mal einen Gang zuzulegen, aber seine Situation veränderte sich dadurch nicht wie erhofft. Sein Symbol war eine Serie blauer Kästen, verschieden hell und dunkel, groß und klein. Es erwies sich vorläufig als unverständlich. Beinahe ein Jahr später begegnete ich Sönke wieder, der mir berichtete, er glaube nun zu wissen, was sein Symbol zu bedeuten habe. Er sei während seiner Studienzeit einmal zusammen mit einer Freundin im Urlaub gewesen und sie hätten in Barcelona eine Picasso-Ausstellung besucht, wo nicht nur, aber auch Bilder seiner blauen Phase gezeigt worden waren. Sie seien ihm im Gedächtnis hängen geblieben, aber so wichtig nun auch nicht. Vielmehr, so meinte er, wäre ihm aufgegangen, wie glücklich er damals insgesamt gewesen sei. Dieses Gefühl und die Erinnerung daran waren zwischenzeitlich versickert, weil er nur gearbeitet habe. Er habe beschlossen, dieses Gefühl wieder zurückzugewinnen, indem er wieder besser und klarer zwischen Arbeit und Leben trenne, wieder private Räume für mögliches Glück öffne. Mit Erfolg: Seither gehe es ihm nicht privat, sondern auch geschäftlich erheblich besser. Der scheinbare Schritt zurück bedeutete einen großen Sprung nach vorn. Inzwischen sah er in seinem Symbol auch keine blauen Kästen mehr, sondern war poetischer geworden. Er imaginierte jetzt leichte Wolken aus blauer Luft, einen Himmel, perfekt, um im Halbschatten einen glücklichen Kindheitstag zu verdösen.

Niemand kennt Sie besser als Sie selbst

Symbole kann man nie ganz verstehen. Sie bewahren, wie oft man sie auch interpretiert, ihren unaufzehrbaren Bedeutungsüberschuss. Bei jedem neuen Blick auf sie scheinen sie wieder etwas anderes sagen zu wollen. Einen Universalschlüssel zum Verständnis von symbolischen Schätzen, Elixieren und Geschenken gibt es nicht. Lassen Sie sich ruhig von Ihrer Intuition leiten, folgen Sie neugierig den Wegen, die Ihre Assoziationen gehen. Niemand kann besser verstehen, was die Bedeutung des Symbols ist, als Sie selbst. Niemand hat schließlich so viel Vorwissen wie Sie, niemand kennt Ihre Wünsche besser, niemand kennt *Sie* besser.

11. REFLEXION

DAS GESCHENK ERKENNEN, DIE BELOHNUNG ANNEHMEN

In dieser Reflexion geht es darum, sich der Belohnung bzw. dem Elixier zuzuwenden. Ohne darüber in aller Ruhe nachzudenken, merken manche gar nicht, mit welcher wunderbaren Gabe sie von ihrer Reise zurückkommen. Und an dieser Stelle kann man bereits auch einen kleinen Blick in die Zukunft wagen, denn eine Heldenreise kommt selten allein!

- Wie sah Ihre Belohnung aus? Was war das Elixier Ihrer Heldenreise?

- Wie hat dieses Geschenk Sie verändert? Welchen Sinn hat die Veränderung Ihrem Leben gegeben?

- Verspüren Sie momentan einen Ruf? Wie könnte dann die Belohnung, das Elixier oder der Schatz aussehen?

- Was wäre der Sinn dieser neuen Heldenreise?

- Wie werden Sie sich diesmal verändern? Haben Sie eine vage Ahnung davon?

Jenseits der Grenzen des Wachstums

Irgendwann vor zigtausend Jahren schlug ein Blitz in einen Baum, oder Lava entzündete Strauchwerk. Wie auch immer es geschehen sein mag, jedenfalls müssen irgendwann Menschen oder ihre Vorfahren nicht mehr vor dem Naturphänomen davongerannt sein, sondern sich neugierig genähert haben. Sie konservierten das Feuer, hielten es am Brennen, umsorgten die Glut, auf dass sie nicht erlösche. Irgendwann lernten die Menschen dann, wie man die Flamme selbst erzeugt und wurden damit unabhängig von den Zufällen und Launen der Natur.

Eines Tages hatte dann jemand die bahnbrechende Idee, dass das Feuer nicht nur gegen die Kälte hilft und die Dunkelheit erleuchtet, sondern dass man mit ihm auch Nahrungsmittel erhitzen kann. Wir wissen zwar nicht genau, wann diese Idee entstanden ist, aber dieses Datum gehört zu den entscheidenden Ereignissen der Menschheitsgeschichte. Bis dahin unverwertbare Nahrungsmittel konnten von nun an genießbar gemacht werden, andere, die vorher roh verspeist werden mussten, wurden jetzt bekömmlicher.

Drehen wir das Rad der Geschichte ein wenig vor. Durch die technischen Innovationen der Neuzeit entstanden erst vor wenigen Jahrhunderten Gesellschaften, in denen nicht mehr der Mangel das Zepter schwang, sondern in denen sich Überschuss und Luxus auf breiter Basis entwickelten. Damit wurde Essen nicht mehr nur Sache des Überlebens, sondern jetzt auch des Genusses. Insbesondere in Frankreich, aber auch in Italien, Deutschland, Spanien und anderen Ländern (schon *vorher* natürlich in China, der arabischen Welt, im antiken Griechenland und im alten Rom) entwickelte sich die Koch*kunst*. Der Koch wurde jetzt zum Maître de Cuisine. Myriaden von Zubereitungsarten entstanden. Man aß nicht mehr bloß aus Notwendigkeit, sondern vermehrt à la provençale, à la bourguignonne oder à la meunière.

Von Auguste Escoffier bis Paul Bocuse, von Heinz Winkler bis Eckart Witzigmann – die Stars unter den Köchen haben sich durch ihre Kreationen immer wieder selbst übertroffen. Auf die Haute Cuisine folgte die Nouvelle Cuisine – und irgendwann, so könnte man annehmen, waren alle Gebiete des Kochens erschlossen und erforscht. Wie der Club of Rome 1972 die *Grenzen des Wachstums* verkündete, hätten der Gault Millau oder der Guide Michelin die Grenzen der Kochkunst ausrufen können.

Aber auch am Kochen, einer der ältesten Kulturtechniken überhaupt, zeigt sich, dass der Mensch das Wesen ist, das sich ständig selbst übertreffen kann. Gerade als man hätte annehmen können, dass auf Gourmets und Gourmands nichts Neues mehr warten würde, erfanden einige Besessene eine ganz neue Art des Kochens und sprengten die ehernen Grenzen des Kochbaren. Hervé This und Nicholas Kurti, zwei Chemiker und Physiker, erfanden die sogenannte Molekularküche. Eine Art naturwissenschaftliches Kochen zog in die hohe Küche ein. Zu den absoluten Weltstars der Molekulargastronomie gehört Ferran Adrià aus Katalonien, dessen Restaurant *El Bulli* in den letzten Jahren regelmäßig zum besten der Welt gewählt wurde.

Die Molekularküche arbeitet mit geheimnisvollen chemischen Zutaten wie Cellulosederivat, Xanthan oder Natriumalginat – und auch flüssiger Stickstoff kommt hier nicht selten zur Anwendung. Was dann auf den Teller kommt, hat mit herkömmlichen Speisen wenig zu tun. Nur in den seltensten Fällen wird man durch optische Begutachtung erkennen können, was denn da darauf wartet, den Gaumen kitzeln zu dürfen. Und wenn der gekitzelt wurde, weiß man oft auch nicht mehr. Vielleicht hat man dann so etwas oder Ähnliches zu sich genommen: Bonbons aus Olivenöl, geliertes Gemüse mit Holzkohleöl, nicht identifizierbare Schäume, Spiegelei, das in Wahrheit aus Kokosmilch, Kardamom, Karottensaft und Glukose besteht; Kochen mit Pipette, Reagenzglas und Lasergerät – das ist eine neue Avantgarde der Küche, mit der nicht unbedingt zu rechnen war.

Was ich Ihnen damit sagen möchte, ist nicht: Besuchen Sie mal ein Spitzenrestaurant der Molekularküche (andererseits: warum nicht?). Vielmehr geht es mir darum, dass das Neue *überall* und *jederzeit* möglich ist. Seit vielen Jahrtausenden kochen die Menschen, und doch ist das erstaunenerregende, das absolut Neue möglich. Sie arbeiten im Vertrieb eines großen Konzerns? Im Marketing? Als Finanzberater? In der Kommunikation? – Und Sie glauben, dass alle Wege bereits tausendmal begangen sind? Völlig ausgelatscht?

Nein! Genau genommen sind die Territorien, in denen Sie sich bewegen, nicht einmal kartografiert. Sie stochern im Dunkeln. Sie taumeln durch die Nacht. Was wir an gesichertem Gelände fest in unserem Besitz zu haben meinen, ist nichts, verglichen mit den unbekannten Weiten, mit der Unendlichkeit, die noch von keinem Eroberer betreten worden ist. Stellen Sie sich ein Kuchendiagramm vor. Allerdings sehen Sie nicht verschieden große Stücke, die verschieden eingefärbt sind, sondern einen unifarbenen, sagen wir, schwarzen Kuchen. Wenn Sie jetzt ganz nah rangehen würden, so nah, dass jetzt Sie ganz klein und der Kuchen ganz groß wäre, dann würden Sie – vielleicht, vielleicht – sehen, dass im Schwarzen schmale, ganz winzige weiße Streifen sind, die man mit bloßem Auge aber kaum sehen kann. Das verschwindend geringe Weiß, das ist das, was wir kennen. Das übermächtige Schwarz ist der Ozean dessen, das darauf wartet, endlich entdeckt zu werden. Es gibt nicht immer nur den einen oder einen dritten Weg – es sind unendlich viele!

10. Die Rückkehr

Wir sollen heiter Raum um Raum durchschreiten,
An keinem wie an einer Heimat hängen,
Der Weltgeist will nicht fesseln uns und engen,
Er will uns Stuf' um Stufe heben, weiten.

HERMANN HESSE

Neustart

Sie sind ausgezogen, um was auch immer zu lernen. Sich zu fürchten, sich neu zu orientieren, mit sich selbst Frieden zu schließen, den Pfad zur Kreativität wiederzufinden, aus anderen Blickwinkeln zu sehen ... Sie haben neue Erfahrungen gemacht, gegen innere Widerstände, Dämonen und andere dunkle Mächte gefochten, sie haben den Schatz gehoben oder das Elixier erobert. Sie sind ans Ziel gelangt. Aber was heißt das? Was heißt es, von der Heldenreise zurückzukehren?

Sie kehren reicher in die alltägliche Realität zurück. Sie haben Erfahrungen gemacht, neue Ideen haben sich verdichtet, die Ordnung Ihres Lebens hat sich neu aufgestellt. All das (und noch viel mehr) ist der Inhalt des Symbols, mit dem Sie sich beschenkt haben. Dieser Schatz ist wertvoll, aber er ist noch kein Hauptgewinn, sondern erst einmal nur Ihr *Spieleinsatz*. Nur wenn Sie, nachdem Sie zurückgekehrt sind, ihn richtig einsetzen, werden Sie auch den echten Hauptgewinn einfahren.

Der Wiedereintritt in die Alltagsatmosphäre

Sie erinnern sich: Sie müssen Ihr Leben nicht ändern, Sie können es aber. Die Heldenreise ist die Gelegenheit, um Veränderungen einzuleiten und umzusetzen. Mit ihr verlassen Sie die Alltäglichkeit, erobern das neue Land und kehren zurück – ebenfalls in ein neues Land, als ein Neuer, als ein Anderer.

Sie erinnern sich: Sie müssen Ihr Leben nicht ändern, aber Sie können es

Ich möchte Ihnen eine Geschichte von George Spencer-Brown vorstellen, um das zu illustrieren. Spencer-Brown ist ein britischer Mathematiker, Segelflieger, Psychologe, Dichter, Songwriter, Schachmeister, Spieleerfinder und Gründer einer Stiftung zur Erforschung und Förderung kreativer Erziehung und außergewöhnlicher Talente. Ein Hans-Dampf-in-allen-Gassen also. Er hat ein berühmt-berüchtigtes Buch zur Logik geschrieben, *Laws of Form*. Das rätselhafte Werk hat die Leserschaft heftig gespalten – zwischen Hochstapelei und Genie pendelten die Urteile. Neben seinem Hauptwerk hat er aber noch zahlreiche andere Texte unter den Pseudonymen James Keys und Richard Leroy verfasst. Dazu gehört ein kleiner Text mit dem Titel *Goodbye Trip*. Erzählt wird die kurze Geschichte eines Flugs mit einem Flugzeug, und zwar von einem Erzähler, der den Flug wie ein Conférencier begleitet, mit den Fluggästen spricht und ihnen alles, Wichtiges und Unwichtiges, erklärt:

»So, hier sind wir, liebe/r LeserIn, alle zusammen für einen letzten Trip. Zuerst müssen wir in den Raum starten. Innerer Raum, äußerer Raum, diesmal ist es dasselbe. Wohin immer du im äußeren Raum gehst, dein Spiegelbild geht in den inneren Raum, deshalb kannst du ihn von jeder Seite aus betrachten, wie es dir gefällt. – Nun denn, sind wir alle bereit? Sicherheitsgurte anlegen, meine Damen und Herren!«

Lesende und Fluggäste sind identisch, innerer und äußerer Raum erst recht – wir haben es hier offensichtlich mit einer artverwandten Reise zu tun, bei der herkömmliche Abgrenzungen keine Rolle spielen. Allerdings sind Flugreisende eingeschränkter in ihrer Bewegungsfreiheit als Helden. Also stellt Spencer-Brown (oder wer auch immer) den Gästen, die geflogen werden und nicht fliegen, auf dieser All-Inclusive-Heldenreise hochinteressante Wahrnehmungsgeräte zur Verfügung, mit denen sie anders sehen können, so wie sicherlich nie zuvor:

»Meine Damen und Herren, in den Taschen an den Sitzen vor Ihnen finden Sie Ihre Weitwinkel-Zeitlinsen. Sie besitzen die Eigenschaft, eine Zeitspanne von 200 Jahren auf einen Zeitraum von etwa zwei Minuten zu verdichten. Bitte setzen Sie Ihre Weitwinkel-Zeitlinsen auf, meine Damen und Herren, und beobachten Sie die Erde.«

Und nicht nur einen Zeitraffer, sondern auch zwei »Zusatzgeräte«, ein »raumverkleinerndes« und eins für »größere Entfernungen«, gehören zur Ausrüstung dieses Trips. Bei ihrem Sightseeing in Raum und Zeit erleben die Fluggäste dieses und jenes – was genau, darum geht es Spencer-Brown nicht, denn schließlich heißt sein Hauptwerk *Gesetze der Form* und nicht des *Inhalts*. Auf der Flugreise lernen die Fluggäste jedenfalls eine andere Wahrnehmung kennen – anders als jemals zuvor. Erst als die Landung bevorsteht und der Erzähler letzte Instruktionen gibt, wird die Pointe des Ganzen enthüllt: »Sie haben es alle eilig, zurückzukommen, das verstehen wir. Da unten sind Menschen, die auf Sie warten und sich fragen, wo Sie sind. Natürlich. Selbstverständlich. Fräulein Terylene wird Zollerklärungsformulare herumreichen, in die Sie Ihren gewünschten Bestimmungsort und den Grund Ihres Aufenthalts eintragen müssen. Währenddessen wird Herr Calculus die Basis anrufen und die notwendigen Buchungen vornehmen. Dies hängt zu einem gewissen Teil von den freien Plätzen ab. Freie Plätze wo, hörte ich Sie sagen, meine Dame, mein Herr? Wo? In der Entbindungsstation natürlich!« (George Spencer-Brown, *Dieses Spiel geht nur zu zweit*, 2007, S. 99–102)

Überbuchungen und damit verbundene Wartezeiten vorbehalten, kehren die Fluggäste als neue, veränderte Menschen zurück. Ihr Wiedereintritt in die menschliche Atmosphäre ist nicht gleichzusetzen mit einer Wiedergeburt, sondern sozusagen mit einer »Neugeburt«. Sie werden nicht als wissenslose Säuglinge wiedergeboren, sondern kehren mit dem Geschenk einer völlig veränderten und immens erweiterten Wahrnehmung, mit den Erfahrungen, die sie auf dem Flug gemacht haben, neugeboren auf die Erde und in ihren Alltag zurück.

Die Rückkehr von der Reise bedeutet, den richtigen Weg zu finden

Die Rückkehr von der Heldenreise hat vergleichbare Auswirkungen. Wer von ihr zurückkommt, der sieht die Welt mit anderen Augen – möglicherweise mit zeitraffenden und raumverkleinernden Linsen. Ob die Veränderungen fundamental sind oder nur einen eng umgrenzten Bereich betreffen – beispielsweise Ihre Einstellung zur Karriere – oder ob Ihre Veränderung darin besteht, gar nicht so viel zu ändern, sondern die Situation, wie sie vorher schon war, besser akzeptieren zu können, das hängt von Ihnen – und nur von Ihnen – ab. Wie jede Heldenreise von einem anderen Ausgangspunkt startet und anders verläuft, so sind auch ihr Ergebnis, die Art und Weise sowie der Zielpunkt der Rückkehr immer verschieden und so einzigartig wie jeder Mensch. Eines aber bleibt gleich: Die vorerst letzte Aufgabe des Helden ist es, den Weg aus dem Labyrinth zu finden.

Der Weg aus dem Labyrinth

So wie bei einem Labyrinth, wo es einen Weg hinein gibt, in die Mitte, und einen Weg heraus, gilt es jetzt für den Helden, die Reise zurück in die gewohnte Welt anzutreten. Es heißt, zurückzukehren zu den Menschen, in die alte Umgebung, in den Alltag mit all seinen Herausforderungen, zurück zu den Aufgaben, die dort bereits auf ihn warten.

Das neue Selbstbild ist Ihr neues Gesicht

Als ein Verwandelter kehrt er mit dem Elixier, als dem sichtbaren Beweis der Heldenreise, zurück. Diese Reise hat den Helden reifer, aufmerksamer, lebendiger, menschlicher und authentischer werden lassen, sie hat ihn zu mehr Ganzheit geführt. Vorher als unvereinbar empfundene Teile der Persönlichkeit mit ihren unterschiedlichen Gefühlen und Bedürfnissen sind angenommen und integriert worden. Dieses neue Selbstbild gilt es nun, nach außen zu tragen und mitzuteilen. Es geht darum, die neu erlangten Fähigkeiten einzusetzen, den eigenen Erfolg zu genießen und die Freude mit anderen zu teilen.

Sie erinnern sich an das Ritual der Aborigines, dessen Geschichte Paul Rebillot uns erzählt hat? Am Ende der Initiation ziehen die jungen Männer freudestrahlend und mit neuen, schönen Kleidern wieder ins Dorf ein und werden bei ihrer Heimkehr gefeiert. Frenetischer Jubel begleitet ihre Rückkehr von der Prüfung. Wenn wir das auf die innere Heldenreise übertragen, bedeutet es, die Erlebnisse und Erfahrungen der Reise sowie die mitgebrachten Schätze gebührend zu würdigen. Sich selbst für das Erreichte zu feiern, den neuen Fähigkeiten und Fertigkeiten bewusst Beachtung zu schenken, damit sie nach der Rückkehr nicht wieder in Vergessenheit geraten und damit die Integration des Neuen ins Alltägliche gelingt. In Märchen und Sagen findet der Prinz nach vielen Abenteuern seine Prinzessin. Die Geschichte ist damit oft aber nicht zu Ende, sondern es wird ein Fest gefeiert oder dergleichen, um das Geschehene feierlich zu beglaubigen und im Gedächtnis aller zu verankern. Erst dann leben sie, wie es dann immer so schön heißt, glücklich bis ans Ende ihrer Tage.

Die Rückkehr in die Realität bedeutet, sich neu zu orientieren

Aber noch ist es nicht so weit. Schließlich heißt es, in die Realität zurückzukehren. Ob der Ausgang märchenhaft ist, muss sich noch erweisen. Jeder einzelne Held weiß für sich selbst genau, was das Elixier bedeutet. Dritten ist die Entschlüsselung des symbolischen Geschenks dagegen oft verwehrt, denn es hängt zutiefst mit der individuellen Lebensgeschichte des Helden zusammen, welche geheime Bedeutung dahintersteckt. Ob es ein Symbol für Weisheit, Erfahrung, Geld, Liebe, Ruhm, Mut, Freiheit oder den Willen ist – oder für etwas ganz anderes –, kann Ihnen niemand verraten, sondern nur Sie selbst können es erfahren. Manche wissen bei ihrer Rückkehr sehr genau und kristallklar, was nun zu tun ist. Ein Exempel einer weiteren Heldenreise kann dies verdeutlichen:

Als Sonja der Drang zur Neuorientierung überkam, hatte sie eigentlich alles, was man sich wünschen kann: einen gut bezahlten Job als Verkaufsleiterin, eine stabile Beziehung, einen netten Freundeskreis und so weiter und so fort. Von außen betrachtet, wirkte alles nahezu perfekt. Doch heftige, immer wiederkehrende Träume und eine ihr bis dahin unbekannte

Unruhe machten ihr zu schaffen. Sie träumte mit beständiger Regelmäßigkeit davon, dass sie nachts von heftigen Erschütterungen und ächzenden Geräuschen aus dem Schlaf gerissen wurde und hilflos mit ansehen musste, wie die ganze Wohnung wie bei einem Erdbeben aus den Angeln gehoben wurde. Die Möbel rutschten wie Spielzeug durch die Räume, Gläser und Geschirr zerbrachen. Zitternd saß sie in der hinteren Ecke ihres Bettes, als plötzlich Ruhe einkehrte und der Raum mit einer Neigung von 60 Grad »anhielt«. Sie konnte sich nicht vom Fleck bewegen, weder vor noch zurück, die Tür rückte in unerreichbare Ferne.

Sonjas Leben war im wahrsten Sinne des Wortes »aus den Angeln« gehoben. Höchste Zeit also, Bilanz zu ziehen und in einen neuen Lebensabschnitt einzutreten. Wir überlegten gemeinsam, wie sie sich ein wenig Zeit verschaffen konnte, um sich diesem Ruf widmen zu können. Sie nahm sich zwei Wochen Urlaub und trat ihre Heldenreise in einem Kloster an. Die einfache Frage, die sie in diesen Tagen immer und immer wieder hin und her bewegte, war: »Was will ich eigentlich wirklich?«

Nachdem sie zurückgekommen war, saß sie völlig ruhig und gelassen vor mir und erklärte klar und eindeutig, dass sie auf ihrer Reise Entscheidendes erkannt habe. Ihre Arbeit mache ihr zwar Spaß, und es fiele ihr auch leicht, mit Menschen zu arbeiten. Aber tief in ihrem Inneren war ihr klar, dass sie in der Arbeit keine Befriedigung fand. Der Sinn dessen, was sie da tat, war ihr abhanden gekommen, er verschwamm immer mehr und konnte sie nicht mehr binden. Sie wusste jetzt genau, was sie wollte. Sie wollte Menschen bewegen, sie wollte Menschen begegnen und sie dabei begleiten, wie auch sie entdeckten, was sie wirklich wollten.

Allerdings ging das nicht von heute auf morgen. Im weiteren Coaching-Prozess erstellten wir gemeinsam einen Entwicklungsplan. Sonja blieb vorerst in ihrem Job. Sie übereilte nichts, sondern bereitete sich bestens vor. Nicht zuletzt bei ihrer Arbeit. Schritt für Schritt begann sie, ihren Fokus auf ihre zukünftige Aufgabe auszurichten. Sie veränderte ihre Mitarbeitergespräche, legte großen Wert auf eine enge Beziehung zu ihren Mitarbeitern und schaute nicht nur auf die nackten Zahlen. Sie fragte immer wieder: »Was kann ich für euch tun, damit ihr eure Arbeit mit Freude erledigt?«

Nach anfänglichen Irritationen aufseiten der Mitarbeiter gewöhnten sie sich schnell an den neuen Führungsstil und begannen, auch untereinander mehr und mehr den kollegialen Austausch zu initiieren. In der Folge gingen die Zahlen der Außendienstmannschaft von Sonja übrigens nicht, wie von misstrauischen Kollegen prognostiziert, in den Keller, sondern genau das Gegenteil passierte. Neben der Arbeit fing Sonja eine Coaching-Ausbildung an, die sie inzwischen vollständig absolviert hat. Sie ist dabei, ihre Selbstständigkeit zu planen. Ihr Coaching-Stil ist brillant, und sie hat es längst geschafft, was sie sich vorgenommen hatte: andere Menschen bewegen zu können.

Nicht allen geht es so wie Sonja. Das symbolische Geschenk ist ein Schlüssel, der in das Schloss zu einer neuen Realität passt. Aber man muss sich orientieren, um dorthin zu finden. Udo beispielsweise. Er war Sachbearbeiter in einem Steuerbüro. Die Arbeit ödete ihn an. Eigentlich schon immer. Wie er hierhin gekommen war, wusste er selbst nicht. Wahrscheinlich war es so gewesen, dass er unbewusst Erwartungen – insbesondere seiner Eltern – hatte erfüllen wollen. Er hatte ein braver Sohn und Bürger werden wollen – und das schließlich auch weitgehend vorbildlich geschafft. Aber die Zahlen, Tabellen, Abrechnungsbelege und Paragrafen färbten sein Leben grau. Zehn Jahre Steuererklärungen bearbeiten – das hatte ihn mürbe gemacht und verdarb ihm sein ganzes Leben. Immer wieder Schema F, bis zum Erbrechen …

Dabei hätte das alles gar nicht so (weit) kommen müssen. Immer hatte er insgeheim gewusst, dass Zahlenkolonnen pur ganz und gar nichts für ihn waren. Kreativität und Kommunikation waren sein eigentliches Ding. Aber so richtig erkannt hatte er das wiederum nicht. Auch die Heldenreise führte nicht zu absoluter Klarheit. Immer noch wühlte es in ihm, eine klare Richtung wollte sich nicht zeigen. Ein Puzzlestein fehlte in dem ganzen

Gebilde … Als dann 2004 der Tsunami in Asien viele Tausend Menschen in den Tod riss und beispiellose Verheerungen anrichtete, machte es klick. Plötzlich passte alles zusammen.

Udo beschloss, etwas zu machen, was zugleich seinem Leben Sinn gab und anderen helfen würde. Ihm war nun klar, was vorher im Halbdunkel verschattet war. Er ging zu einer Hilfsorganisation ins Fundraising. Hier ging kaum etwas nach Schema F, man musste immer wieder mit kreativer Kraft und kommunikativer Artistik zu Werke gehen, um Gelder für Krisengebiete akquirieren zu können. Einerseits konnte er hier viel von seinem Wissen einsetzen, andererseits Fähigkeiten ausleben, die seit Jahren brachgelegen hatten und verschüttet waren. Dass er dafür erst einmal nicht unerhebliche Gehaltseinbußen hinnehmen musste, machte ihm nichts aus. Im Gegenzug erhielt er nämlich etwas, was man mit Geld nicht kaufen kann: tiefe innere Zufriedenheit. Sie breitete sich aus, durchströmte ihn und gab ihm die Freude am Leben zurück. Es hat also Sinn, nicht gleich aufzugeben, wenn nach der Rückkehr von der Heldenreise nicht gleich alles golden glänzt.

Die Rückkehr ist eine Zwischenstation

Und so endet die Reise des Helden, zumindest vorläufig – bis ein neuer Ruf ins Leben dringt und uns erneut auffordert aufzubrechen. Bis der Wind der Veränderung erneut durch unser Leben weht, manchmal als leichte Brise, die uns sanft berührt, manchmal wie ein Hurrikan, der uns ordentlich schüttelt und unmissverständlich zu einer neuen Entdeckungsreise ruft.

Das Leben ist nichts anderes als Entwicklung

Wir verändern uns fortwährend. Geistig, aber, das ist nicht zu übersehen, auch körperlich. Spätestens alle sieben Jahre ist ein »neuer« Mensch entstanden. Jede Zelle, jedes Haar, jeder Muskel, jedes Stückchen Haut wird in dieser Zeit erneuert. Aber auch seelisch stehen die Windräder der Zeit nicht still. Wir sind auch auf dieser Ebene in einem fortschreitenden Entwicklungsprozess und können nie sagen: Ich bin fertig! Das Leben ist nichts anderes als Entwicklung – Individuation, wie Carl Gustav Jung sagen würde. Wir können nicht anders, als unseren persönlichen Weg des Wandels zu gehen. Ob wir diesen Weg bewusst beschreiten und an gewissen Punkten fähig sind, Weichen und Hebel richtig zu stellen, hängt von unserem Willen ab. Wir können uns vom Zufall treiben lassen oder aber unseren Fokus auf den steten Wandel des Lebens richten. Wir können passiv sein und geschehen lassen, was immer geschehen soll, oder uns aktiv unseres eigenen Schicksals bemächtigen. Wir können unser Leben verschlafen oder wach, klar und bewusst sagen: Dies ist mein Leben, und ich will es auskosten!

EIN FAZIT ZIEHEN – DIE HELDENREISE IM RÜCKSPIEGEL

12. REFLEXION

Es ist an der Zeit zurückzublicken – um besser nach vorne schauen zu können. Ziehen Sie ein Fazit, indem Sie sich die folgenden Fragen vor Augen führen:

- Denken Sie – ein letztes Mal – an eine große Veränderung in Ihrem Leben. Wie hat sich nach dieser Veränderung Ihr Alltag gestaltet?
- Wie haben Ihre Familie, die Freunde, die alten Bekannten auf Ihre Veränderung reagiert?
- Was genau hatte sich alles verändert?
- Wie konnten Sie sich wieder eingewöhnen?
- Was hat geholfen, den eingeschlagenen Weg entschlossen weiterzuverfolgen?
- Wenn Sie Ihrem Leben nach dieser Reise drei Eigenschaften zuordnen sollten, welche wären das?
- Wenn Sie zurückblicken: In welcher Hinsicht haben sich die Reise und die Veränderungen für Sie gelohnt? Was haben Sie über sich gelernt, und wie wird Ihr Leben sich ändern?

Pleite ist nicht gleich Pleite

2003 war das Jahr des neuen Millenniums, in dem es in Deutschland die meisten Insolvenzen gab – circa 40 000. Es ging als Jahr der Insolvenzen in die Wirtschaftsgeschichte ein. 2001 und 2002 waren die Insolvenzanmeldungen bereits drastisch gestiegen, 2003 war der Höhepunkt, in den folgenden Jahren sanken die Zahlen wieder deutlich.

Untergang der neuen Märkte

Damals gab es zwar besonders viele Pleiten, aber nur sehr wenige, die prominente Unternehmen betrafen: Grundig und Wienerwald waren die klingenden Namen, die 2003 den Weg in die Insolvenz antraten. Es waren vielmehr viele Start-ups und kleinere Firmen, insbesondere innerhalb der neuen Märkte der Informationstechnologien, deren Träume mit der Dotcom-Blase geplatzt waren. Ohne an dieser Stelle auch nur einen einzigen spezifischen Fall zu analysieren, kann man sicherlich sagen, dass damals die Firmen und Unternehmen das Zeitliche segneten, die sich in sehr flüssigen und flüchtigen Verhältnissen gegründet hatten und mit ihnen untergingen. Sie waren sozusagen überangepasst an rasche, ja rasende Veränderungsprozesse, als ihnen der Boden unter den Füßen schlagartig wegbrach. Damals wären mehr Weitsicht, Kontinuität und lang- oder wenigstens mittelfristiges Handeln vonnöten gewesen.

Haben Traditionalisten ausgedient?

2009 wird ebenfalls als Jahr der Pleiten in die Geschichte eingehen (und die Prognosen für die Folgejahre sind auch nicht gerade rosig), denn es hatten circa 35 000 Unternehmen Konkurs anmelden müssen. Aber dieses Mal ist die Lage völlig anders als ein paar Jahre vorher. Während man 2003 als das Jahr der noch nicht volljährigen Pleitefirmen bezeichnen kann, ist 2009 das Jahr der zahlungsunfähigen Traditionalisten. »Bekannt, traditionsreich, pleite« titelte eine Tageszeitung. Die Krise von Opel (1862 gegründet) und die Insolvenzen von Spielzeug- und Modelleisenbahnhersteller Märklin (pünktlich zum 150-jährigen Firmenjubiläum), Schiesser (1875), Automobilbauer Karmann (1901) und Autozulieferer Edscha (1870), Arcandor mitsamt Karstadt (1881) und Quelle (1927), Nähmaschinenhersteller Pfaff (1862), Porzellanhersteller Rosenthal (1879),

Hertie (1882) sowie Woolworth (1927) waren im Laufe der Finanzkrise zu beklagen. Elf Traditionsunternehmen mit zusammen über 1300 Jahren Erfahrung konnten sich auf einmal nicht mehr am Markt behaupten.

Natürlich gibt es für diese Entwicklung im Allgemeinen und in jedem einzelnen Fall objektive Gründe. Allgemein ist es die Finanz- und Wirtschaftskrise, die seit 2008 beispiellos wütet. Beim medienwirksamsten, weil größten Fall, nämlich Opel, heißen die speziellen Gründe General Motors und Überkapazitäten auf dem Automobilmarkt. Viele Insolvenzen der letzten Zeit hängen auch stark mit veränderten Eigentümerstrukturen zusammen. Unternehmen, die im Besitz von Private-Equity-Investoren sind, sind unter den gegebenen Umständen besonders insolvenzgefährdet, weil sie oft nur mit einer dünnen Eigenkapitaldecke operieren. In der gegenwärtigen »Kreditklemme« fehlen dann die Überbrückungskredite, und der Ofen ist schnell aus.

Auch in der schlimmsten Krise gibt es Unternehmen, die etwas richtig machen

Aber lassen wir uns nicht von diesen zwar wahren, aber eben nicht alles erklärenden Faktoren blenden. Schließlich gibt es auch in der schlimmsten Krise Unternehmen, die etwas richtig gemacht haben, woran andere gescheitert sind. Die etwas verstanden haben, was bei anderen nicht angekommen zu sein scheint. Ein perfektes Beispiel dafür ist Quelle.

Quelle war ein Musterkind der Wirtschaftswunderjahre und ökonomisches Leitbild der westdeutschen Nachkriegszeit. Der Quelle-Katalog gehörte lange Zeit zu den treuen Begleitern einer jeden Hausfrau. Ende der 70er-, Anfang der 80er-Jahre steht Quelle im Zenit und macht einen Umsatz im zweistelligen Milliardenbereich, ist Europas größtes Versandhaus. Aber schon damals, als Quelle an der Spitze steht, beginnt das Verhängnis seinen Lauf zu nehmen. Gesellschaftliche und ökonomische Veränderungen, die zu dieser Zeit langsam und unmerklich beginnen, werden nicht wahrgenommen. Der Umsatz geht kontinuierlich zurück. Das Image des Versandhauses verstaubt zusehends, modische und technologische Trends werden verschlafen, insbesondere das Internetgeschäft wird zu spät auf- und ausgebaut. Der gute, alte, papierne Katalog ist schon lange nicht mehr zeitgemäß, ein Relikt aus alten Zeiten – schließlich gehört der klassische Abnehmer, die Hausfrau, die sich »auch mal was gönnen möchte«, unter ökonomisch verschärften Bedingungen und nicht zuletzt wegen emanzipatorischer Fortschritte zu den Auslaufmodellen der Geschichte.

Sind immer nur die Bedingungen der Taktgeber?

An Quelle und in Kontrast zu den Insolvenzopfern von 2003 zeigt sich der generelle, grundlegende Grund für die typische Pleite des Jahres 2009: die fehlende Anpassungsfähigkeit an Bedingungen, die sich in den letzten Jahren so schnell gewandelt haben wie vielleicht niemals zuvor. Während 2003 »wendigen«, »schnellen« (nämlich: vorschnellen) jungen Unternehmen der Boden unter den Füßen wegbrach, sind seit Ende 2008 langsame, kaum manövrierbare Altunternehmen ins Bodenlose gefallen.

Verwandelt statt nur neu gewandelt!

Viele der insolventen Opfer der aktuellen Krise sind nicht verwandlungstüchtig gewesen. Sicher, sie haben sich *gewandelt*, denn schließlich sind auch die Märkte in Bewegung, und jeder Manager, egal, wie taub oder blind er sich stellen mag, wird darauf reagieren. Aber sie haben sich nicht *verwandelt*. Sie mögen nun einwenden, das sei ja im Prinzip das Gleiche und dieser Unterschied bloß Wortklauberei – aber wer sich verwandelt, macht mehr, als sich nur zu wandeln. Wer sich wandelt, steht mitunter in trägen, langsamen, kontinuierlichen Prozessen und in der Gefahr, von einer schneller sich verändernden Wirklichkeit überholt zu werden. Wer sich hingegen verwandelt, der zaubert buchstäblich Kaninchen aus Hüten. Zauberer, Magier, Fabelwesen, Schauspieler, Musiker – das sind typische Vertreter der Verwandlung. Sie erfinden sich immer wieder neu, manchmal binnen Sekunden, wechseln das Kostüm oder die Gestalt, treten mal in dieser Rolle auf, mal in jener, verzaubern und verwandeln sich nach Belieben.

Ich möchte damit nichts gegen den Wandel gesagt haben. Und ich möchte auch nicht dafür votieren, dass wir alle irgendwelche Zaubertricks üben sollten (andererseits: warum nicht?). Und ich möchte erst recht nicht sagen, dass ausschließlich die forcierte Veränderung und schnelle (Ver-)Wandlung das Patent-

Alles, was man zum Leben braucht: sportliche Kleidung, günstige Schuhe und schadstofffreie Nahrung

In Zeiten, da eigenkapitalschwachen, managergeleiteten Unternehmen mitunter brutal ihre Schwächen aufgezeigt werden, schlägt nicht nur, aber auch die Stunde der gut geführten, alteingesessenen Familienunternehmen.

Aber was heißt »gut geführt«? Nun, gut geführt heißt in diesen Fällen, dass es in der Führung durch die Familie etwas gibt, das man Managern, die im Falle der Erfolglosigkeit eine Abfindung kassieren und zum nächsten Unternehmen weiterziehen, nicht oder nur in nicht weiter auffälligem Ausmaß wird unterstellen können: eine gewisse Unbeirrbarkeit in Sachen Tugenden und Werte. Viel ändert sich auch in diesen Unternehmen, denn alles ist im Fluss, aber es gibt ökonomische *und* ethische Grundsätze des Handelns, die nicht oder nur im extremen Notfall zur Disposition stehen.

Ein solches Beispiel ist Wolfgang Grupp. Er ist zwar ein typischer Vertreter des »alten Helden«, wie ich ihn oben beschrieben habe. Er hat einen penetranten Hang zur Selbstdarstellung und ist ein Patriarch allererster Güte. Er hält bei Trigema alle Fäden selbst in der Hand – und alle heißt hier tatsächlich alle. Er ist nicht nur für die großen Entscheidungen zuständig, sondern auch für die Bagatellen, von denen Manager normalerweise nicht einmal etwas ahnen. Die Sorge um und die Verantwortung für seine Firma sind ihm alles. Kein Wunder, denn als er die Firma Ende der 60er-Jahre übernahm, war sie hochverschuldet und stand vor dem Aus. Grupp behob flugs das Problem – und ließ bis heute keine neuen mehr durch die Tür. Der »König von Burladingen« hat es geschafft, in der hochproblematischen Textilbranche nicht in Niedriglohnländern zu produzieren, er hat eine Eigenkapitalquote von 100 Prozent, er hat nie aus betriebswirtschaftlichen Gründen entlassen, nie Kurzarbeit verordnen müssen und garantiert jedem Mitarbeiter nicht nur den eigenen Arbeitsplatz, sondern auch einen für seine Kinder. Sein Credo lautet Unabhängigkeit – und das in jeder Hinsicht: keine Bank, kein Abnehmer, niemand soll Einfluss auf seine Entscheidungen haben können, niemand soll ihn unter Druck setzen können. Das alles geht nur, wenn man die Zeichen der Zeit stets früh- und rechtzeitig erkennt. Grupp sagt: »Meine Aufgabe ist es, stets den Wandel der Zeit zu erkennen und meinen Betrieb so zu führen, dass er diesen Wandel auch problemlos mitmachen kann.«

Ein ungleich leiserer Vertreter der Unternehmerzunft ist Heinz-Horst Deichmann. Ein Patriarch der Bescheidenheit. Mit der Bibel auf dem Schreibtisch baute er aus einem Schuhgeschäft den größten Schuhhandel Europas auf. Als er gerade volljährig wird, kehrt er schwer verletzt mit einem Halsdurchschuss aus dem Krieg zurück, studiert Theologie und promoviert in der Medizin. Er meidet das Rampenlicht, tut Gutes, ohne viel darüber zu reden. Getreu dem Motto »Wer viel hat, muss auch viel geben« fließt ein erklecklicher Teil seines überschießenden Reichtums in zahlreiche Hilfsprojekte – vor allem an Kranke und Arme in Indien. Der »Schuh-Pastor« steht für Integrität, Loyalität, Verantwortungsbewusstsein – nicht nur in Indien und der Dritten Welt, sondern auch für seine Mitarbeiter, die, wenn sie in Not geraten, von einer firmeninternen Unterstützungskasse profitieren können.

Georg Hipp wurde lange als grüner Spinner verspottet. Der Hersteller von Babynahrung setzte bereits 1956 voll auf ökologischen Landbau, zu einer Zeit, da sonst noch kaum jemand an so etwas Verrücktes dachte, pflegte Nachhaltigkeit, lange bevor das Wort erfunden wurde. Sein Sohn Claus führt das Unternehmen in diesem Sinne behutsam weiter, und inzwischen ist Hipp längst der weltgrößte Verarbeiter von biologischen Rohstoffen und steht für ethisch-ökologisches Handeln. Als bekennender Katholik propagiert Claus Hipp ein Leben im Einklang mit der Natur und lässt seine Produkte akribisch auf Schadstoffe überprüfen. Er musste weder ein Unternehmen am Rande des Abgrunds übernehmen, noch kehrte er mit einem Halsdurchschuss heim, vielmehr wurde sein Leben stets vom Glück beschienen. Als aber ein Mitarbeiter schwer erkrankte und von einem gewissen Maximilian Oskar Bircher-Benner mit eingeweichten Haferflocken, Kondensmilch, Honig, geriebenen Nüssen und Früchten kuriert wurde, wurde ein heute weltbekanntes Produkt aus der Taufe gehoben: das legendäre Bircher-Müsli. Claus Hipp nimmt sich aber auch fern von Babybreis die »Freiheit, es anders zu machen«. Er ist sehr erfolgreich mit abstrakter Malerei, ganz nebenbei auch Professor für nichtgegenständliche Kunst an der Kunstakademie in Tiflis – und die Erlöse seiner Bilder stiftet er übrigens komplett.

Beinahe-Konkurs, Halsdurchschuss, Bircher-Müsli – es sind nicht zuletzt solche Schlüsselerlebnisse, die das Leben verändern und zur Grundlage des Erfolgs werden können. Allerdings muss man nicht erst warten, bis einen die schwere Verletzung, die schlimme Krankheit oder der finanzielle Ruin ereilt. Man sollte, bevor irgendwelche Katastrophen sich ankündigen, seine sieben Sachen packen und die Reise antreten. Proaktiv auf die Suche nach Glück, Erfolg und dem wahren Ich zu gehen, kann sehr viel Schmerz und das bittere Tal der Tränen ersparen. Und außerdem spricht auf der anderen Seite auch nichts dagegen, oder?

Allen drei genannten *Business Heroes* ist gemein, dass sie mit Ideen gegen alle Trends erfolgreich waren. Sie sind unbeirrbar ihren Weg gegangen, kümmern sich nicht nur um den Profit, sondern tragen Verantwortung – für Mitarbeiter und/oder Bedürftige. Sie alle sind irgendwie anders. Sie machen den Eindruck, weitgereiste Helden zu sein (obwohl Wolfgang Grupp Burladingen sozusagen nie verlassen hat). Sie sind alles andere als Fähnlein im Wind, denn ihr Entrepreneurship ist ihnen nicht nur Beruf, sondern auch Berufung.

rezept für alles und jedes darstellt. Ganz im Gegenteil! In manchen Fällen würde ich meinen Coachees beispielsweise davon abraten, auf Teufel komm raus die Veränderung zu suchen; in vielen Fällen ist nämlich nicht der Mangel an Veränderung das Problem, sondern gerade die Vorstellung, dass nur in der Veränderung das Heil zu suchen ist. Manche Coachees würden besser daran tun und glücklicher werden, wenn sie lernen würden, sich so, wie sie sind, zu akzeptieren.

Die wirtschaftliche Situation, in der wir uns gerade befinden, macht in vielen Fällen aber die Wandlung, manchmal auch die Verwandlung notwendig. Wenn Strukturen sich auflösen und die mühsam eroberten Positionen im Markt erdrutschartig wertlos werden, dann ist auch Wandel zu langsam, dann müssen sich Unternehmen verwandeln. Sie müssen sich »zeitnah« und dynamisch an die neuen Umweltbedingungen anpassen – oder sie gehen pleite.

Epilog

Es ist vollbracht, die Reise ist beendet. Es geht in dieser metaphorischen Reise um nicht weniger als den Sinn des Lebens. Beschrieben wird der Weg der Suche und das beglückende Gefühl, nicht am Ziel angekommen zu sein, aber doch an einer entscheidenden Kreuzung die richtige Abzweigung genommen zu haben.

Wer den Fragen seines Lebens nicht nachspürt, dem bleibt nur der Traum vom Glück

Viele wagen es kaum, die Frage nach dem Sinn ihres Handelns und Seins zu stellen, weil sie Angst vor den Antworten haben. Sie wiegeln ab, drängen solche Fragen in den Hintergrund. Sie versuchen, den Deckel auf den brennendsten aller Fragen unseres Lebens zu halten, um das Feuer im Keim zu ersticken. Sie stürzen sich in Geschäftigkeit, umhüllen ihr scheinbares Handeln mit der Illusion von Wichtigkeit, um bloß nicht in die Verlegenheit zu kommen, sich den wirklichen Fragen stellen zu müssen. Ein fragwürdiges Spiel, ein Spiel, das mitunter einen hohen Preis hat. Die Währung, in der wir für solche substanziellen Versäumnisse zahlen müssen, ist unsere Lebendigkeit, unsere Lust am Leben. Je besser wir es schaffen, uns selbst zu verleugnen, je geschickter wir sowohl Fragen als auch Antworten meiden, umso unfähiger werden wir zur Wandlung und Verwandlung. Die Rufe verklingen, das Leben stellt sich schicksalhaft gegen uns. Der Traum vom großen Glück ist längst ad acta gelegt, und wir nehmen alles so hin, wie es eben zu sein hat.

Die Reise zu uns selbst ist unser Leben

Aber das Leben muss nicht über uns hinwegrollen. Niemand sonst als wir selbst leben dieses Leben, wir müssen es nur in die Hand und unter eigene Regie nehmen. Diese Reise zu uns selbst, unserer Seele, ist meiner Meinung nach der einzige Weg, um in diese Position zu kommen. Deswegen liegt mir die Botschaft dieses Buchs so sehr am Herzen. Es macht mich traurig, die vielen Menschen zu erleben, die in seltenen Momenten der Klarheit vor ihrem bisherigen Dasein erschrecken, um kurz darauf doch wieder in den gleichen Trott zu verfallen; die sich für ein wenig Anerkennung abrackern, während das Leuchten in ihren Augen immer mehr erlischt. Ich möchte sie dann schütteln und ihnen erzählen, wie schön das Leben sein kann, welch' einzigartige Fähigkeiten in ihnen schlummern, welche Chancen das Leben bietet – nämlich nicht zuletzt die Chance der Entwicklung und damit der Veränderung.

Wacht auf! Das Glück wartet nicht. Es will erobert werden!

So viele Menschen rennen hektisch durchs Leben, jagen gehetzt irgendwelchen Idealen hinterher, die meist noch nicht mal ihre eigenen sind. Für was? Für wen? Warum? Wofür? Ich begegne immer wieder Menschen, die, wenn man ihnen freundlich zulächelt, irritiert sind und wirkliche Begegnungen meiden wie der Teufel das Weihwasser, aus Angst, etwas von sich zu zeigen. Ich möchte ihnen zurufen: Wacht auf, es gibt noch so viel zu entdecken, was einen echteren und viel größeren Thrill auslösen kann als Bungee Jumping, Rafting oder S-Bahn-Surfen. Aber diesen Nervenkitzel kann man sich weder in schwindelerregender Höhe oder in reißenden Wildwasserbächen noch beim lebensmüden Schwarzfahren holen. Nicht da draußen liegen die wahren Abenteuer, sondern in uns selbst. Diese Reise geht nach innen. Tief in uns schlummern die ungeahnten Schätze, möchte ich rufen, brecht also endlich auf, wagt die Expedition zu eurem Selbst, und hebt die Schätze, die euer Leben so unendlich bereichern können. Ihr werdet Grenzen überwinden und das finden, was ihr euch immer schon so sehnlich gewünscht habt – euer Glück.

Wer beim Graben auf Mist stößt, wird Dünger ernten

Mag sein, dass die Reise nicht nur entspannend und fröhlich sein wird, dass ihr auf ungemütliche Widerstände und fratzenhafte Dämonen treffen werdet, dass ihr wirklich mit euch selbst konfrontiert werdet – und das ist vielleicht nicht immer nur angenehm, sondern verlangt viel, sehr viel von euch –, aber am Ende lohnt sich der mühsame Weg. Sogar die eher unangenehmen Erfahrungen sind letztlich etwas, das euch weiterbringen kann. Um es so zu sagen: Wer beim Graben auf Mist stößt, wird Dünger ernten.

Der erste Schritt, bevor man auf die Reise geht, lautet: Seien Sie achtsam mit den Wünschen und Träumen, die sich in Ihnen regen, und tun Sie sie nicht als Kindereien ab. Nehmen Sie Ihre Bedürfnisse ernst. Bevor Sie vorschnell urteilen und werten, nehmen Sie eine »neutrale« Position ein. Beobachten Sie einfach. Horchen Sie in sich hinein. Dann werden Sie früh genug anfangen zu staunen, Sie werden ganz verwundert sein, was es alles zu entdecken gibt.

Schauen Sie dabei nicht auf die Nebenfrau und den Nebenmann. Was für andere stimmig und richtig erscheinen mag, kann bei Ihnen ganz anders sein. Jeder hat seine eigene Wirklichkeit und damit seine eigene Wahrheit. Lernen Sie, in Ihrem Leben die Hauptrolle zu spielen, anstatt eine Nebenrolle in einem anderen, in einem »falschen« Film. Übernehmen Sie die Regie in Ihrem Leben. Sie sind die Hauptfigur und der Held Ihres Films. Mit dem Wissen um die Stationen der Heldenreise und der wachen Auseinandersetzung damit wird aus dem Protagonisten der Drehbuchautor und Regisseur, der selbst bestimmt, was als Nächstes geschieht. Nehmen Sie Ihr Leben selbstverantwortlich in die Hand und verwirklichen Sie sich.

Die Heldenreise ist eine höchst persönliche und intime Angelegenheit. Sie stärkt den Einzelnen in allen Beziehungen – ob privat oder beruflich. Sie unterstützt den Wandel, sie forciert Veränderungen, sie treibt das träge Rad der (persönlichen) Geschichte an. Die Heldenreise ist damit aber weit mehr als »bloß« eine persönliche und intime Angelegenheit, denn schließlich ist das, was in Teams, ökonomischen Systemen, Organisationen und selbst in ganzen Kulturen geschieht, vom Handeln und der Wandlungsfähigkeit der Einzelnen abhängig. Ein Unternehmen mit 5 oder 15 Prozent Helden (nehmen wir an, man könnte das so einfach quantifizieren) wird sich vielleicht am Markt halten können, wird vielleicht soeben mit viel Hängen und Würgen die eigene Existenz aufrechterhalten können. Hingegen ein Unternehmen mit 80 oder 90 Prozent Helden wird nicht nur sich selbst, sondern den ganzen Sektor, auf dem es tätig ist, mit einem Schwung und einem Willen zur Veränderung formen und bestimmen, wie es das nur ganz selten gibt.

Die Regelbrecherin

»Also führte er sein Volk in Freuden und seine Auserwählten in Wonne und gab ihnen die Länder …, auf dass sie halten sollten seine Rechte und seine Gesetze bewahren. Halleluja!« (Psalmen 105, 43–45) Das Aufstellen von Gesetzen und Fälle des Gesetzesbruchs sind ein zentrales Motiv der Bibel. Im Alten Testament wird der Verstoß gegen das Gesetz oft hart bestraft, das Neue Testament lässt dann Milde walten.

Einer der spektakulärsten Fälle von Gesetzesbruch war die Berufung von Margot Käßmann zur Ratsvorsitzenden der Evangelischen Kirche in Deutschland. Allerdings handelt es sich weder um einen theologischen noch um einen juristischen Bruch des Gesetzes, sondern um einen empirisch-statistischen. Zum ersten Mal überhaupt bekleidete nämlich eine Frau dieses höchste Amt der Evangelischen Kirche in Deutschland. Eine Ungeheuerlichkeit. Noch nie dagewesen. Man fragt sich als halbwegs aufgeklärter Mensch von heute allerdings: Warum hat es das nicht schon längst vorher gegeben? Nun, es wäre eben irgendwie ein »Gesetzesbruch« gewesen. Dem, der findet, dass solche Ämter nur Männern vorbehalten sein sollten, kann man nur – mit der Bibel – entgegnen: »Weh den Schriftgelehrten, die ungerechte Gesetze machen und die unrechtes Urteil schreiben.« (Jesaja 10,1)

Eine Ungeheuerlichkeit also, ein historischer Einschnitt, eine Sensation, umso mehr, da Käßmann sich zwei Jahre vor ihrer Wahl von ihrem Mann hatte scheiden lassen. Eine geschiedene Bischöfin, Mutter von vier Kindern, das ist schon an der Grenze, eine geschiedene Ratsvorsitzende, das ist ein eindeutiger Beweis dafür, dass die Welt erstens doch rund ist und sich zweitens auch noch dreht. Anderswo ist man jedenfalls noch nicht so weit. Die russisch-orthodoxe Kirche brach jedenfalls die diplomatischen Beziehungen mit den deutschen Lutheranern sofort ab und sah in der Wahl Käßmanns ein »Krisenzeichen in der westlichen Gesellschaft«.

Welch' unglaubliche Heldenstory Käßmann hinter sich hat, wird aber noch klarer, wenn man bedenkt, dass sie vor ihrer Scheidung auch noch an Krebs erkrankt war. Aber sie ist aus dieser privaten und gesundheitlichen Krise stärker denn je hervorgegangen. Und sie hat *Mehr als fromme Wünsche* (so ihr letzter Buchtitel) zu bieten. Sie vertritt ihre klaren und deutlichen Positionen in der Öffentlichkeit mit Nachdruck und mischt sich in die drängenden politischen und gesellschaftlichen Probleme der Jetztzeit mit viel Verstand ein. Ob Homosexualität, AIDS, Zölibat, Bildung, Ökologie,

Ökonomie, Globalisierung, Islamismus, Rechtsextremismus, Krieg – mit klaren Worten fordert sie auf, das Richtige zu tun. »Brennende gesellschaftliche Themen gehören auf die Kanzel«, sagte sie einmal in einem Interview – und handelt danach.

Margot Käßmann hat ihre Heldenreise unter widrigen Umständen aufgenommen. Mit ihrem unermüdlichen Engagement und ihrem zielbewussten Willen hat sie die deutsche evangelische Kirche auf den Kopf respektive auf die Füße gestellt und in die gesamte Gesellschaft ausgestrahlt. Sie ist nicht gekommen, um nur still die Geschäfte abzuwickeln, sondern um die Gesellschaft zu verändern, die Köpfe zu erreichen, sich für das Gute, Richtige und Wahre einzusetzen.

Alle Helden können von Margot Käßmann lernen. Sie können lernen, dass das Unmögliche möglich ist. Und sie können lernen, dass Helden nicht immer nur im Glorienschein und in ein Abendrot reiten, begleitet von melodramatischer Musik. Helden können fallen – aus ganz profanen Gründen. Nachdem Margot Käßmann gegen die Straßenverkehrsordnung verstieß, holte sie der Psalm 34, 20 ein: »Der Gerechte muss viel leiden.« Sie stieß hart zusammen mit der ganz und gar irdischen Schutzmacht, noch härter aber mit ihren moralischen Maßstäben. Also musste sie wegen Missachtung eines Verkehrsordnungszeichens bei unbischöflichem Promillegehalt ihre Ämter aufgeben. Was für bayrische Politiker mitunter die Einstellungsvoraussetzung sein mag, wurde ihr zum Verhängnis. Aber ist sie deswegen auch keine Heldin mehr? Eine Heldin a.D.? Sicherlich nicht, denn all das ändert nichts, aber auch gar nichts daran, dass Käßmann im Hier und Heute entschlossen den richtigen Weg gegangen ist und ihre Überzeugungen nicht minder entschlossen vertreten hat. Wer unter euch ohne Sünde sei, der werfe den ersten Stein ...

Ich weiß nicht, ob Käßmann selbst das so sehen würde, aber ich glaube, dass sie ihren Ruf gehört hat und ihm konsequent gefolgt ist. Und sie wird wieder einen Impuls empfangen und wieder ihren Weg gehen. Ich wage eine Behauptung: Margot Käßmann steht erst am Anfang ihrer Heldenreise ...

Eine *Kultur der Helden* wird Bedingungen für die Menschen herstellen, die wir uns heute noch gar nicht vorstellen können. Wir, die wir in den ersten Jahrzehnten des neuen Millenniums leben, ächzen noch allzu oft unter dem Joch der Notwendigkeit. Würden wir alle die Heldenreise antreten, unsere Potenziale entdecken und unser wahres Selbst suchen, dann bestünde die Möglichkeit, eine ganz neue Kultur zu schaffen, die freier, offener, echter und erfolgreicher zugleich wäre. Eine Majorität der Helden in unserer Kultur, unserer Gesellschaft und ihren Unternehmen würde die Welt, wie wir sie kennen, verblassen lassen und einen Aufbruch zu neuen Ufern bedeuten.

Danksagung

Danke, danke und noch mal danke!!!

Danke sage ich all den Menschen, die mich auf meiner Heldenreise, das Buch zu schreiben, begleitet haben. Einige möchte ich besonders hervorheben, denn ohne sie hätte es dieses Buch nie gegeben, sie haben mich immer dann, wenn mir Zweifel kamen, unterstützt, mir Mut zugesprochen und mich aufgemuntert. Monika Vogel, Tomas Zybura, Greta Andreas, Kai Krohn, Alexander Müller, wie schön, euch zu kennen. Danke, dass ihr mich an euren Heldenreiseerfahrungen habt teilhaben lassen und mit euren Rückmeldungen zur Klarheit und Struktur beigetragen habt. Zusätzlich lektorierten noch Ralf Ch. Althaus, Gerlinde Schmitz und Hardy Fichtner mein Manuskript, danke für eure wertvollen Anregungen.

Greta, gut, dass wenigstens du an mich geglaubt hast, als mir der Mut schon fast gänzlich abhanden gekommen war, mit deiner Hartnäckigkeit und Klarheit bist du mir eine gute Stütze gewesen und eine Freundin geworden, danke!

Jens Dreisbach, du hast mir mit vielen Anregungen, Ergänzungen und deiner Wortgewandtheit zur Verfügung gestanden, ohne dich würde das Manuskript wahrscheinlich noch in einer Schublade liegen, tausend Dank für deine Geduld, deine Kreativität, deine Empathie und deine unglaubliche Unterstützung.

Der erste Gedanke zu diesem Buch kam mir in den USA. Auf einem Trainerkongress wurde über die Stationen der Heldenreise reflektiert, Harald Reinhardt, Leiter des Instituts für Psychosynthese in Köln, hatte vorher in meiner Therapieausbildung mit mir den Boden bereitet, sodass dieser Vortragsimpuls so fruchtbar werden konnte. Harald, danke für die intensive gemeinsame Zeit.

Lieber Bernd, danke, dass du mir so treu zur Seite stehst, meine Launen aushalten kannst und mir so viel Freiraum zur Entfaltung gegeben hast und gibst. Du bist für mich ein ganz besonderer Mann.

Viele meiner Coachees und Teilnehmer haben mit ihren Geschichten die Stationen der Heldenreise bereichert, ihre Geschichten sind leicht verändert und sie haben andere Namen erhalten. Danke für das Vertrauen.

Ute Flockenhaus, Jens Stahlkopf und Andre Jünger sage ich Danke für das unkomplizierte und besonders wertschätzende Miteinander. Es ist mein erstes Buch, und ein solch angenehmer Kontakt zum Verlag macht Lust auf mehr.

Literaturverzeichnis

Allione, Tsültrim: Den Dämonen Nahrung geben. Buddhistische Techniken zur Konfliktlösung. Goldmann Verlag, München, 2009.

Assagioli, Roberto: Psychosynthese. Prinzipien, Methoden und Techniken. Astrologisch-Psychologischer Verlag, Zürich, 1988.

Assagioli, Roberto: Die Schulung des Willens. Methoden der Psychotherapie und der Selbsttherapie. Junfermann Verlag, Paderborn, 1998.

Baecker, Dirk: Postheroisches Management. Ein Vademecum. Merve Verlag, Berlin, 1994.

Bauer, Joachim: Prinzip Menschlichkeit. Warum wir von Natur aus kooperieren. Hoffmann und Campe Verlag, Hamburg, 2006.

Beck, Martha: Das Polaris Prinzip. Entdecke wozu du bestimmt bist – und tue es! Integral Verlag, München, 2002.

Berne, Eric: Spiele der Erwachsenen. Psychologie der menschlichen Beziehungen. Rowohlt Verlag, Reinbek, 1970.

Blothner, Dirk: Das geheime Drehbuch des Lebens. Kino als Spiegel der menschlichen Seele. Bastei-Lübbe Verlag, Köln, 2003.

Bradshaw, John: Das Kind in uns. Wie finde ich zu mir selbst. Knaur Verlag, München, 1992.

Bucay, Jorge: Komm, ich erzähl dir eine Geschichte. Fischer Taschenbuch Verlag, Frankfurt a.M., 2007.

Campbell, Joseph: Der Heros in tausend Gestalten. Insel Verlag, Frankfurt a.M., 1999.

Campbell, Joseph: Die Kraft der Mythen. Bilder der Seele im Leben des Menschen. Artemis & Winkler Verlag, Zürich, 1994.

Candolini, Gernot: Im Labyrinth sich selbst entdecken. Herder Verlag, Freiburg i. Br., 2001.
Chopich, Erika J. / Paul, Margaret: Aussöhnung mit dem inneren Kind. Ullstein Taschenbuch Verlag, Berlin, 1997.
Claßen, Martin / von Kyaw, Felicitas: Warum der Wandel meist misslingt. In: Harvard Business Manager 12 / 2009.
Covey, Stephen R.: Die 7 Wege zur Effektivität. Prinzipien für persönlichen und beruflichen Erfolg. GABAL Verlag, Offenbach, 2005.
Covey, Stephen R.: Der 8. Weg. Von der Effektivität zur wahren Größe. GABAL Verlag, Offenbach, 2006.
Csíkszentmihályi, Mihály: Dem Sinn des Lebens eine Zukunft geben. Eine Psychologie für das 3. Jahrtausend. Klett-Cotta Verlag, Stuttgart, 2000.
Csíkszentmihályi, Mihály: Flow. Das Geheimnis des Glücks. Klett-Cotta Verlag, Stuttgart, 2008.
Damásio, António R.: Descartes' Irrtum. Fühlen, Denken und das menschliche Gehirn. Deutscher Taschenbuch Verlag, München, 1997.
Damásio, António R.: Ich fühle, also bin ich. Die Entschlüsselung des Bewusstseins. List Verlag, München, 2003.
Doppler, Klaus: Über Helden und Weise. Von heldenhafter Führung im System zu weiser Führung am System. In: OrganisationsEntwicklung. Zeitschrift für Unternehmensentwicklung und Change Management 2 /09.
Ende, Michael: Die unendliche Geschichte. Thienemann Verlag, Stuttgart, 1979.
Ferrucci, Piero: Unermesslicher Reichtum. Wege zum spirituellen Erwachen. Rowohlt Taschenbuch Verlag, Reinbek, 1994.
Ferrucci, Piero: Werde was du bist. Selbstverwirklichung durch Psychosynthese. Rowohlt Taschenbuch Verlag, Reinbek, 1997.
Ferrucci, Piero: Nur die Freundlichen überleben. Warum wir lernen müssen, mit dem Herzen zu denken, wenn wir eine Zukunft haben wollen. Allegria Verlag, Berlin, 2005.
Freud, Sigmund: Die Traumdeutung. Fischer Taschenbuch Verlag, Frankfurt a. M., 2007.
Fuchs, Michael / Gill Steffen (Hrsg.): Moderne Helden. Kamphausen J. Verlag, Bielefeld, 2005.

Fukuyama, Francis: Das Ende der Geschichte. Wo stehen wir? Kindler Verlag, Berlin, 1992.
Gendlin, Eugene T.: Focusing. Selbsthilfe bei der Lösung persönlicher Probleme. Rowohlt Taschenbuch Verlag, Reinbek, 1998.
Hammann, Joachim: Die Heldenreise im Film. Drehbücher, aus denen die Filme gemacht werden, die wirklich berühren. Zweitausendeins Verlag, Frankfurt a.M., 2007.
Horx, Matthias: Das Buch des Wandels. Wie Menschen ihre Zukunft gestalten. Deutsche Verlags-Anstalt, München, 2009.
Hüther, Gerald / Roth, Wolfgang / von Brück, Michael (Hrsg.): Damit das Denken Sinn bekommt. Spiritualität, Vernunft und Selbsterkenntnis. Herder Verlag, Freiburg i. Br., 2008.
Jung, Carl Gustav: Das C.G. Jung Lesebuch. Ausgewählt von Franz Alt. Walter Verlag, Olten, 1983.
Jung, Carl Gustav: Archetypen. Deutscher Taschenbuch Verlag, München, 2001.
Jung, Carl Gustav: Der Mensch und seine Symbole. Patmos Verlag, Düsseldorf, 2009.
Jung, Mathias: Mut zum Ich. Auf der Suche nach dem Eigen-Sinn. Deutscher Taschenbuch Verlag, München, 2004.
Kabat-Zinn, Jon: Stressbewältigung durch die Praxis der Achtsamkeit. Arbor Verlag, Freiburg i. Br., 1999.
Kabat-Zinn, Jon: Gesund durch Meditation. Das große Buch der Selbstheilung. Fischer Taschenbuch Verlag, Frankfurt a.M., 2006.
Kafka, Franz: Der Proceß. S. Fischer Verlag, Frankfurt a.M., 2006.
Kerkeling, Hape: Ich bin dann mal weg. Meine Reise auf dem Jakobsweg. Malik Verlag, München, 2006.
Mark, Margaret / Pearson, Carol S.: The Hero and the Outlaw. Building Extraordinary Brands Through the Power of Archetypes. McGraw-Hill, New York, 2001.
Matthews, Andrew: So geht's dir gut. VAK Verlag, Kirchzarten, 2007.
Mittermair, Franz: Neue Helden braucht das Land. Persönliche Entwicklung und Heilung durch rituelle Gestalttherapie. Books on Demand, Norderstedt, 2009.

Müller, Lutz: Der Held. Jeder ist dazu geboren. Kreuz Verlag, Zürich, 1987.

Murdock, Maureen: Der Weg der Heldin. Eine Reise zur inneren Einheit. Heyne Verlag, München, 1999.

Orban, Peter: Die Reise des Helden. Die Seele auf der Suche nach sich selbst. Fischer Taschenbuch Verlag, Frankfurt a.M., 1993.

Pearson, Carol S.: Die Geburt des Helden in uns. Transformation durch die zwölf Archetypen. Knaur Verlag, München, 1993.

Peters, Tom: Re-imagine. Spitzenleistungen in chaotischen Zeiten. GABAL Verlag, Offenbach, 2007.

Pfluger-Heist, Ulla: In der Seele liegt die Kraft. Was unser Leben trägt. Herder Verlag, Freiburg i. Br., 2004.

Piccard, Bertrand: Spuren am Himmel. Mein Lebenstraum. Piper Verlag, München, 2003.

Rebillot, Paul: WandlungsRituale. Übergang in neue Lebensabschnitte. In: Natur & Heilen, 11/1994, S. 590–593.

Rebillot, Paul/Kay, Melissa: Die Heldenreise. Das Abenteuer der kreativen Selbsterfahrung. Kösel Verlag, München, 1997.

Riesman, David: Die einsame Masse. Eine Untersuchung der Wandlungen des amerikanischen Charakters. Rowohlt Verlag, Reinbek, 1958.

Satir, Virginia: Meine vielen Gesichter. Wer bin ich wirklich? Kösel Verlag, München, 2001.

Scharmer, C. Otto: Theorie U. Von der Zukunft her führen. In: Gesprächspsychotherapie und Personzentrierte Beratung 4/07.

Scharmer, C. Otto: Theory U. Leading from the Future as it Emerges. Meine Verlag, Magdeburg, 2008.

Schulz von Thun, Friedemann: Miteinander reden 3. Das »Innere Team« und situationsgerechte Kommunikation. Rowohlt Taschenbuch Verlag, Reinbek, 2005.

Schulz von Thun, Friedemann/Stegemann, Wibke (Hrsg.): Das Innere Team in Aktion. Praktische Arbeit mit dem Modell. Rowohlt Taschenbuch Verlag, Reinbek, 2004.

Sebrich, Angie: Nichts gesucht und viel gefunden. Von der Medienfrau zur Herbergsmutter. Mein fast normales Leben. Herder Verlag, Freiburg i. Br., 2008.

Siegel, Daniel J.: The Mindful Brain – das achtsame Gehirn. In: Hüther / Roth / von Brück: Damit das Denken Sinn bekommt. Herder Verlag, Freiburg i. Br., 2008, S. 38–55.

Sloterdijk, Peter: Du mußt dein Leben ändern. Über Anthropotechnik. Suhrkamp Verlag, Frankfurt a. M., 2009.

Spencer-Brown, George: Dieses Spiel geht nur zu zweit. Bohmeier Verlag, Leipzig, 2007.

Stein, Murray: C.G. Jungs Landkarte der Seele. Eine Einführung. Patmos Verlag, Düsseldorf, 2009.

Storch, Maja: Das Geheimnis kluger Entscheidungen. Von somatischen Markern, Bauchgefühl und Überzeugungskraft. Pendo Verlag, Zürich, 2003.

Storch, Maja / Krause, Frank: Selbstmanagement – ressourcenorientiert. Grundlagen und Trainingsmanual für die Arbeit mit dem Zürcher Ressourcen Modell (ZRM). Huber Verlag, Bern, 2002.

Vaihinger, Hans: Philosophie des Als Ob. System der theoretischen, praktischen und religiösen Fiktionen der Menschheit auf Grund eines idealistischen Positivismus. Meiner Verlag, Leipzig, 1920.

Vogler, Christopher: Die Odyssee des Drehbuchschreibers. Zweitausendeins Verlag, Frankfurt a.M., 1997.

Watzlawick, Paul: Wie wirklich ist die Wirklichkeit? Wahn, Täuschung, Verstehen. Piper Verlag, München, 1976.

Weiss, Martin: Quest. Die Sehnsucht nach dem Wesentlichen. Junfermann Verlag, Paderborn, 2004.

Witten, Dona / Rinpoche, Akong: Beruf als Weg oder Die Kunst, entspannt Karriere zu machen. Theseus Verlag, Berlin, 1999.

Witzer, Brigitte: Die Zeit der Helden ist vorbei. Persönlichkeit, Führungskunst und Karriere: Anleitung für ein postheroisches Management. Redline Verlag, Heidelberg, 2005.

Stichwortverzeichnis

Über die Autorin

Angelika Höcker, Jahrgang 1955, interessierte sich schon immer für das, was im Innersten der Welt passiert. Während sie zunächst die tieferen Schichten der Erde erkundete (1984 schloss sie erfolgreich ihr Geologiestudium als Diplomgeologin ab), erforscht sie heute alles, was Menschen motiviert, bewegt und im Innersten berührt. Immer auf der Suche nach hilfreichen, spannenden Erkenntnissen und Entwicklungen hat die Psychosynthese-Therapeutin zahlreiche Weiterbildungen absolviert und forscht quer durch viele Disziplinen. Die systemische Organisationsentwicklerin absolvierte so auch neben einer klassischen Trainerausbildung eine hypnosystemische Ausbildung mit Schwerpunkt Coaching und Teamentwicklung.

Angelika Höcker trainiert seit fast 20 Jahren die Schwerpunkte Führung, Team und Change-Management. Sie begleitet Menschen und Organisationen in lebendigen, nachhaltig wirkungsvollen Change- und Kulturprozessen. Basis ihrer Prozesskompetenz ist neben ihrer langjährigen Erfahrung als Führungskraft ein außergewöhnliches Gespür für die Dynamik in Teams. Sie versteht Führungskräfteentwicklung immer zuerst als Persönlichkeitsentwicklung.

Angelika Höcker ist zutiefst davon überzeugt, dass wir im Leben immer viele kleinere und größere Heldenreisen zu meistern haben. So ist es nur logisch, dass sich die Ausnahmetrainerin in den letzten Jahren immer mehr darauf konzentrierte, wie Menschen, Teams und Organisationen in diesen Zeiten enormen

Wandels selbstbestimmt und zielgerichtet agieren können. Dabei hat sie den Heldenmythos wiederentdeckt – eine wirkungsvolle und außergewöhnliche Anleitung, persönliches Wachstum und stete Veränderung in Organisationen zu ermöglichen.

Die Mitgründerin von flextrain (früher: hp-trainings) entwickelt und trainiert seit Jahren wirkungsvolle Konzepte für internationale Konzerne und mittelständische Unternehmen unterschiedlicher Branchen. In ihren Trainings, Coaching-Sitzungen und Seminaren hat die mutige Expertin kreativ mit der Heldenmetapher experimentiert. Ihr Wissen um die tiefe Wirkung dieses Prozesses hat sie in diesem Buch zusammengetragen.

Angelika Höcker steht für nachhaltige, glaubwürdige und unterhaltsame Performance. Dafür wurde sie mehrfach national (u.a. »Deutscher Trainingspreis«) und international (ASTD) ausgezeichnet. Als Autorin hat Angelika Höcker etliche Fachartikel veröffentlicht und an mehreren Erfolgstiteln mitgewirkt, u.a. an: *Trainerkarriere, Best of 55, Das siebte Gesetz.*

Wenn Ihnen die Idee der Heldenreise als Veränderungs- und Entwicklungskonzept gefällt, nehmen Sie ganz einfach Kontakt auf oder rufen Sie an:

www.businesshero.de
+49(0)221 9230814